[新装版]
はじめてのプラスチック

佐藤 功 著

森北出版株式会社

●本書のサポート情報をホームページに掲載する場合があります．下記のアドレスにアクセスし，ご確認ください．

http://www.morikita.co.jp/support/

●本書の内容に関するご質問は，森北出版 出版部「(書名を明記)」係宛に書面にて，もしくは下記のe-mailアドレスまでお願いします．なお，電話でのご質問には応じかねますので，あらかじめご了承ください．

editor@morikita.co.jp

●本書により得られた情報の使用から生じるいかなる損害についても，当社および本書の著者は責任を負わないものとします．

■本書に記載している製品名，商標および登録商標は，各権利者に帰属します．

■本書を無断で複写複製（電子化を含む）することは，著作権法上での例外を除き，禁じられています．複写される場合は，そのつど事前に(社)出版者著作権管理機構（電話 03-3513-6969，FAX 03-3513-6979，e-mail：info@jcopy.or.jp）の許諾を得てください．また本書を代行業者等の第三者に依頼してスキャンやデジタル化することは，たとえ個人や家庭内での利用であっても一切認められておりません．

はじめに

　さまざまな分野でプラスチック化が進み，各方面でプラスチック知識が求められるようになった．

　このような状況を踏まえ，本書はプラスチックを専門としないが業務上プラスチックの知識が必要な方に，1冊で最低限の知識をマスターしていただくことを目指して1999年に(株)工業調査会から出版された．材料，加工，設計，用途，課題などの広い分野を，難しい理屈や化学式を極力避けてひととおり理解できる内容にしたつもりだ．幸い継続してご支持をいただき，何版か重ねて今日にいたっている．

　今回，思いがけないきっかけから森北出版(株)より新装改訂版を出すことになった．本書が対象にしている基本，基礎の部分は変わるものではないので，大枠を変えることはない．しかし，私自身がテキストとして使用した経験から，よりわかりやすい説明法を思いついた点，昨今のプラスチック技術の動向を踏まえて知っておいていただきたいと思う点は少なからずある．この機会に，これらを織り込んで改訂させていただいた．

　改めてこの10年余の変化を振り返ると，製造現場の海外シフト，CAD/CAMの進展などにより，現場，現物がますます見えなくなり，体験知，経験知が得にくくなっていることを痛感する．

　一方では，プラスチック関連産業の衰退により，いわゆる専門家は減少している．それにもかかわらず，プラスチック技術の活用分野の拡大は加速しており，プラスチック知識の必要性はむしろ増している．各種機器設計者，商品企画・デザイナーはもちろんだが，地球環境問題や安全性の問題からプラスチックを知る必要がでてくる場合もある．専門家任せが難しくなっており，必要な人がだれでも最小限の対処ができるようになることが求められている．そのためには「取りつきにくさ，わかりにくさ」を極力減らし，だれでも取り組めるようにすることが必要だ．本書があなたのプラスチックポータルサイトになることを願っている．

2011年9月

著　者

もくじ

1章 プラスチックとは　　1

1.1 プラスチックという言葉　1
1.2 高分子ということ　3
　1.2.1 高分子とは　3
　1.2.2 高分子の特徴　4
　1.2.3 プラスチックの分子構造　5
1.3 なぜプラスチックは伸びたか　8
　1.3.1 特性の良さ　8
　1.3.2 原料のコストダウンと安定供給　10
　1.3.3 旺盛な応用開発　11
　1.3.4 加工業界の形成　12
　1.3.5 まとめ　12

2章 優れた特性を実現させるさまざまな工夫　　14

2.1 分子構造上の工夫　14
2.2 結晶化による工夫　17
　2.2.1 結晶化制御　20
　2.2.2 結晶化の役割　21
2.3 立体規則性による工夫　23
2.4 分岐，共重合の工夫　25
　2.4.1 共重合　25
　2.4.2 分枝　26
2.5 分子量，分子量分布の工夫　28
2.6 混合による工夫　29
　2.6.1 ポリマーアロイ　30
　2.6.2 無機系強化剤　31
　2.6.3 可塑剤　32
　2.6.4 その他の添加剤　33

2.7　延伸，配向による工夫　33
　2.7.1　延　伸　34
　2.7.2　配　向　36

3章　いろいろなプラスチック　38

3.1　プラスチックの種類と分類法　38
3.2　オレフィン系プラスチック　40
　3.2.1　最も身近なプラスチック　40
　3.2.2　物性を変えるもの　42
　3.2.3　ポリオレフィンの用途と使い分け　45
　3.2.4　特殊なポリオレフィン　48
3.3　スチレン系プラスチック　50
　3.3.1　ポリスチレン　50
　3.3.2　ポリスチレンの仲間　52
3.4　その他の汎用プラスチック　55
　3.4.1　塩化ビニール　55
　3.4.2　アクリル樹脂　58
3.5　汎用プラスチックのまとめ　59
3.6　エンジニアリングプラスチック　60
3.7　熱可塑性エラストマー　63
　3.7.1　ゴムとプラスチック　63
　3.7.2　ゴムのようなプラスチック　64

4章　プラスチックの特性と製品設計法　68

4.1　プラスチックの特性　68
　4.1.1　変形挙動　68
　4.1.2　温度特性　70
　4.1.3　クリープと疲労　70
　4.1.4　その他　71
4.2　プラスチック製品の設計法　75
　4.2.1　材料力学の適用と限界　75
　4.2.2　形状設計　76

5章　用途の広がり　　　　　　　　　　　　81

5.1　さまざまな用途　81
　5.1.1　プラスチック時代　81
　5.1.2　電気製品　83
　5.1.3　自動車部品　84
　5.1.4　包装材料　85
　5.1.5　産業資材　87
　5.1.6　家庭用品　88
5.2　材料の選び方　89
　5.2.1　材料選びの難しさ　89
　5.2.2　材料選定法　89

6章　プラスチックの加工法　　　　　　　　　97

6.1　成形加工（一次加工）　97
　6.1.1　さまざまな加工　97
　6.1.2　押出成形　98
　6.1.3　射出成形　101
　6.1.4　中空物の成形　104
6.2　二次加工　106
　6.2.1　二次加工の意義　106
　6.2.2　賦　形　106
　6.2.3　組立て　107
　6.2.4　表面装飾　110
　6.2.5　改　質　111
6.3　プロセス設計法　111

7章　プラスチックの課題　　　　　　　　　　114

7.1　資源問題とプラスチック　114
　7.1.1　問題と現状　114
　7.1.2　問題の本質と考え方　114
7.2　環境問題とプラスチック　116

7.2.1　6大地球環境問題　116
7.2.2　環境問題の多面的な性質　118
7.2.3　3Rと3E　119
7.2.4　技術者のスタンス　120
7.3　プラスチックの安全性　120
7.4　わが国のプラスチック産業の課題　122
7.4.1　産業構造の変化とわが国のプラスチック産業　122
7.4.2　消費者アプローチ　122
7.4.3　技術レベルの維持　123

さらにプラスチックを学ぶ人のための参考書　125
さくいん　126

COLUMN

1. 高分子論争　7
2. 日本型商品開発法　13
3. モンテ詣　27
4. 対応グレードについて　50
5. ポリ袋の話　59
6. ポリアセタールの不思議　62
7. プラスチック廃棄物　66
8. 不思議な計算　79
9. 生分解性プラスチック　86
10. 家庭用品品質表示法　88
11. 材料代替ルート　96
12. 薄型テレビ　105
13. プラスチックのメッキ　113
14. サッチャーとプラスチック　117
15. 追い矢マーク　123

1 プラスチックとは

プラスチックとは何だろうか？
高分子やポリマー，合成樹脂という言葉も使われるようだが，これらはどう違うのだろうか？
この章では，そんなところからプラスチックの世界に入り，今日のようにプラスチックが生活上の身近な存在になった理由や，プラスチックの良さをみてみよう．

1.1 プラスチックという言葉

　われわれはプラスチックに囲まれて暮らしているので，プラスチックを知らない人はいない．そして，ほとんどの人はプラスチックにはいろんな種類があり，用途に応じて使い分けられていることも知っている．しかし，あらたまって「プラスチックとは」と問われると，自信をもって説明できる人は少ない．実は，プラスチックに正確な定義があるわけではない．場面場面で違った使われ方をしたり，別の言葉が使われたりすることも少なくない．

　辞書を引けばわかることだが，プラスチックという言葉は，英語の「plastic」からきている．その意味は，「形をつくることができる」という形容詞である．「**塑性**」という難しい言葉が当てられることもある．つまり，水で粘土や小麦粉をこねて，手でいろんな形にできる性質のことを塑性といい，これが英語でいう plastic である．勘のいい人は，プラスチックという名称は，プラスチックが加熱すると「塑性」をもつことに由来して付けられたことに気づかれると思う．そのとおりであり，現在では広く使用されている．加熱すると融けて，自由に形状を形成できるタイプのプラスチックは，当初，「thermo plastic resin」と名付けられた．直訳すれば「加熱によって塑性をもつ樹脂」であり，「**熱可塑性樹脂**」という日本語が当てられた．

　しつこいようだが，では「resin」，「**樹脂**」という言葉は何だろうか．これは，文字どおり，木の脂（アブラ）であり，ヤニである．最初につくられたプラスチックであるフェノール樹脂を見るとわかるが，透明で茶色い色がついていて，外観は松ヤニそっくりである．このため，最初にプラスチックがつくら

れたとき，松ヤニなどの**天然樹脂**（natural resin）に対し，**合成樹脂**（synthetic resin）とよばれた．いまでも，合成樹脂という言葉が使われることがある．

ややこしいことに，最初に登場したプラスチックは，現在広く使われているタイプとは異なり，熱可塑性ではなかった．当時のプラスチックは，原料を型の中に入れて加熱すると，原料が反応してプラスチックができるというタイプであった．つまり，「加熱硬化型」のプラスチックであった．こちらは，英語では「**thermo set resin**」と表され，日本語では「**熱硬化性樹脂**」とよばれている．このタイプのプラスチックには，メラミンやフェノールなどの種類があり，現在でも耐熱性の必要な分野で使われている．

このようないきさつがあって，「加熱溶融型」のプラスチックが登場したときに，新しいタイプの thermo plastic resin（熱可塑性樹脂）と，従来からあった thermo set resin（熱硬化性樹脂）という言葉が使い分けられるようになった．そして，thermo plastic resin が省略され，プラスチックという言葉が物質全般を示す言葉として使われ，現在にいたっている．

ここまで読んできて少しおかしいことに気づかれないだろうか．フェノール樹脂のような熱硬化性プラスチックを，プラスチックというのはおかしいのではないだろうか．そのとおりである．熱可塑性のない材料をプラスチックというのは，語源的には間違っている．しかし，プラスチックを使っている一般の人に加工の仕方や特性の違いがわかるはずがなく，その後，圧倒的に多くなった熱可塑性のほうを意味するプラスチックが合成樹脂全体を表現するようになってしまった．熱硬化性プラスチックという矛盾した言葉も問題なく使われている．

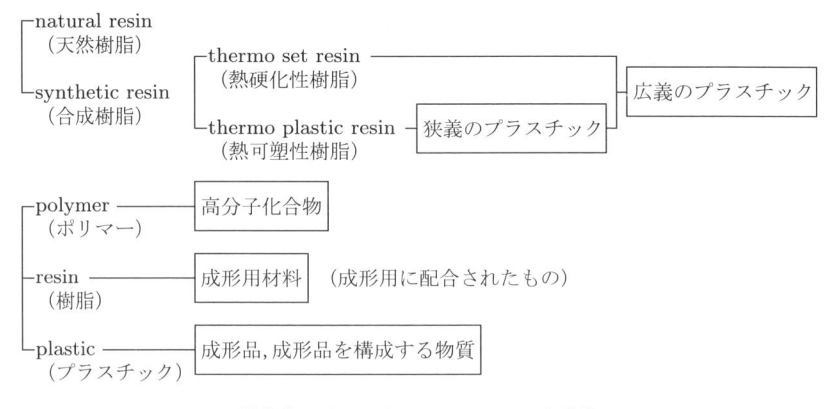

図1.1　プラスチックのいろいろな呼称

なお，日本語ではプラスチックと合成樹脂という二つの言葉があり，語源的にみれば前者は熱可塑性のみを示し，後者は熱硬化性も含むより広い材料を示すが，現実にはこのような使い分けは行われていない．それよりも，合成樹脂といったときは材料，原料のイメージが強く，プラスチックといった場合にはすでに加工された成形品や，成形品を構成している物質をさすことが多い．しかし，厳密な使い分けは行われていない．図1.1に，プラスチックにかかわる言葉の使い分けを整理してみた．

1.2 高分子ということ

1.2.1 高分子とは

プラスチックは高分子化合物であるといわれている．「**高分子**」の意味を理解するには，「分子」がわからなければならない．

分子とは，物質をどんどん小さく分けていったとき，「性質が変わらない最小の単位」と定義されている．われわれの身近にあるものはすべて分子である．たとえば，空気は窒素分子と酸素分子の混合物である．このため，空気は酸素と窒素に分けることができ，これを混ぜればもとの空気にもどる．空気は混合物なので，密度などの特性は酸素と窒素の両方の性質の中間にある．これは，酸素分子と窒素分子が混合しているだけで，「分子」を形成していないためである．

水は，酸素原子と水素原子が結合している分子である．水を電気分解すれば，酸素と水素に分けることができる．分けられた水素や酸素はともに気体であり，水とはまったく異なる性質をもっている．単純に水素と酸素を混ぜても水にはもどらない．したがって，水は独自の分子である（図1.2）．

プラスチックのうち，たとえば，ポリエチレンは水素と炭素からできている．しかし，ポリエチレンは水素と炭素とも違った性質をもっている．したがって，ポリエチレンは分子であるといってよい．しかも，プラスチックは分子のなかできわめて大きいことがわかっている．この種の分子を，高分子とよんでいる．高分子はなにもプラスチックだけでなく，われわれの身体を構成しているタンパク質や，木や草を構成しているセルロース，食べ物として重要な栄養源であるデンプンなど，天然に多数存在している．

このような高分子化合物のなかで，プラスチックは低分子化合物から人工的

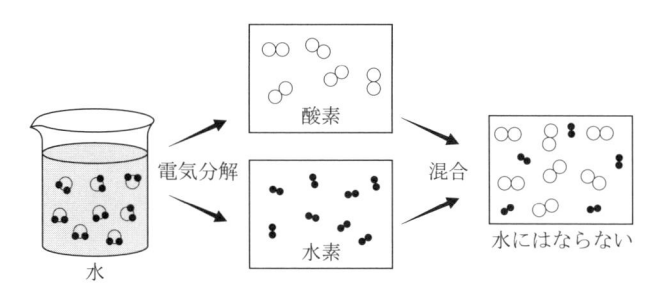

図1.2 分子とは

に合成されたものであるという点に特徴がある．このような高分子のことを，合成高分子とよぶことがある．プラスチックのほかに，合成繊維や合成ゴム，そして大部分の接着剤や塗料なども合成高分子である．いずれも工場で目的に合わせ，最適な分子構造が合成される．

1.2.2 高分子の特徴

高分子は，英語では**ポリマー**（polymer）という．ポリはポリネシアという場合と同じで，「たくさん」という意味である．つまり，たくさんの元素が集まっているということである．プラスチックのことをポリマーという場合があるが，これは，分子が大きいという点に注目したよび方である．

プラスチックは高分子化合物だから，特徴の多くは高分子であることに由来している．一般に，分子量が大きくなると，物質はつぎのような変化をする．

① 融点が高くなる
② 溶剤に溶けにくくなる
③ 化学反応が起こりにくくなる
④ 外力が加わっても壊れにくくなる
⑤ 溶液または溶融したときの粘度が高くなる

これらはそのまま，プラスチックの特徴である．

表1.1に，**脂肪族**とよばれている一連の化合物について，分子量が変化すると性状がどのように変化するかを示した．プラスチックの特性が，高分子であることによって大きく規定されていることがわかるであろう．

なお，特徴の⑤は，プラスチックを使用するうえでは関係ないが，プラスチックを加工するときの重要な特性であり，加工法によっては，粘度が高いこ

表1.1 脂肪族物質の分子量による性状の違い

物質名	分子量	室温での状態
メタンガス	18	気体,液化困難
灯油	140	揮発性液体
ワックス	～500	もろい固体,融点50℃くらい
ポリエチレン	20000～	強靱な固体,融点100℃くらい

とを活用できたり,このことが障害になったりする.このことから,プラスチック独特の加工法が生み出された.6章「**プラスチックの加工法**」を読むとき思い出してほしい.

1.2.3 プラスチックの分子構造

熱可塑性プラスチックと熱硬化性プラスチックでは,同じ高分子でも分子の形が違う.熱可塑性プラスチックの分子はヒモ状をしている.このタイプの高分子のことを,**糸状高分子**という.一方の熱硬化性プラスチックは,大きなかたまりになっている.形状の違いによって,温度を上げたとき,溶融したりしなかったりする.このように,分子の形が熱的な性質を決めている.

● 熱可塑性と分子構造

熱可塑性プラスチックの分子はヒモ状をしており,図1.3のようなイメージ

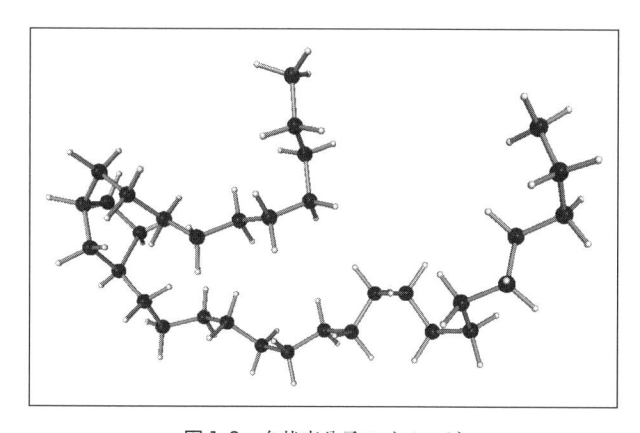

図1.3 糸状高分子のイメージ

で，通常は分子がウネウネ曲がっている．この場合，隣どうしの分子は独立している．おもしろいことに，熱を加えるとこのヒモが動きだす．初めは隣どうしの分子がおたがいに牽制しあって，動きは活発ではない．しかし，温度が高くなると，勝手気ままに動きまわる．この状態が溶融である．溶融状態では，外から力を加えれば分子の位置は自由に変わり，形を変えたり，流すことができる．つまり，成形上必須の性質である流動性と可塑性は，糸状高分子であるがゆえの特性である．

● 熱硬化性と分子構造

熱硬化性プラスチックは，成形法がいくらか異なる．熱可塑性のプラスチックは化学工場で高分子にしたものを原料とするが，熱硬化性プラスチックでは，成形中に高分子化，つまり重合反応を行う．原料には，まだプラスチックになっていない分子量の小さい化合物が使われる．この化合物は，分子の大きさによって，モノマー，プレポリマー，オリゴマーなどとよばれる．これらの化合物を，加熱するか触媒作用のある化合物と混ぜると重合反応が起こり，高分子化合物に変化させることができる．したがって，図1.4のように，金型に原料を加えて加熱すれば，成形と同時に高分子化が起こり，プラスチック成形品が完成する．

この際，重合反応は隣どうしのモノマーだけでなく，上にも下にも進み，3次元的に起こる．すると，できたプラスチックは図1.5に示すように，立体的な網目状の分子構造を示す．このような構造だと，加熱しても分子が自由に動

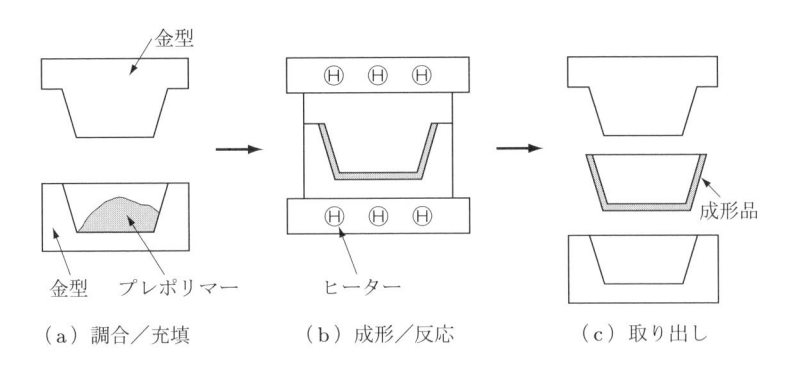

図1.4 熱硬化性プラスチックの成形例

きまわることができないため，耐熱性が高い．また，有機薬品の中に入れても単独の分子が勝手に抜け出すことがないため，溶解せず，耐薬品性も優れている．反面，加熱成形は不可能である．

　熱硬化性プラスチックは成形と化学反応を同時に行うため，成形条件の管理が重要であるうえ，成形時間が長くなる傾向がある．このため，コスト的に不利になり，現在では，とくに耐熱性や耐薬品性が必要な場合以外には使われず，用途は限定される．家庭では，ナベの取手などに見ることができる．

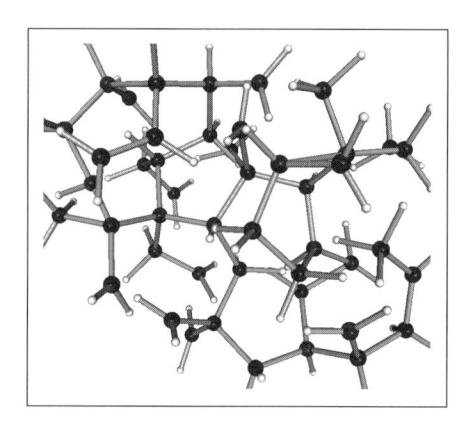

図1.5　熱硬化性プラスチックの分子構造の例

● COLUMN 1：高分子論争 ●

　高分子の研究は，エボナイトなどが実用化された20世紀の初めころから始められた．当初，高分子というものの存在は認められていなかった．これは，高分子溶液の性質と，粘土のような鉱物微粒子や石鹸の水中での挙動とが似ていたためである．これを低分子説といっていた．研究の中心はマイヤーとマークという大学者であり，大勢はこの意見に従っていた．彼らは繊維などを構成している物質は低分子物であり，これが多数集まり，粘土と同じように物理的に凝集しているだけだと考えていた．

　これを打ち破ったのは，ドイツの化学者シュタウディンガーである．彼は分子量をさまざまに変えた物質溶液の粘度の研究から，分子量が巨大である証拠をいくつか示した．しかし，彼の説はなかなか認められず，長い間論争が続いた．これを「高分子論争」といい，論争を通して高分子のさ

まざまな性質が明らかになった．1926年の学会において，彼の説がようやく大方の支持を得ることができ，この年が「高分子科学誕生の年」とされている．シュタウディンガーは「高分子の父」といわれ，ノーベル賞を授賞している．

1.3 なぜプラスチックは伸びたか

今日，われわれはプラスチックに囲まれて生活している．しかし，このような生活が実現したのはほんの数十年前のことである．ここでは，プラスチックがなぜこんなにも速く，しかも大量に普及したのかを，いくつかの面から考えてみる．

1.3.1 特性の良さ

例としてバケツを考えてみよう．プラスチックが登場する前は，バケツはブリキ製だった（図1.6）．キズが付くとサビが出て孔があき，水漏れを起こす．このため，修理をする人が定期的に回ってきた．何度も修理して使っていたところをみると，かなり高価だったようだ．

似たものにゴミバケツがある．こちらは街角にコンクリート製で木製のフタの付いたゴミ箱が置いてあり，主婦はゴミをそこまで捨てに行っていた．当時のゴミ箱は管理が悪く，生ゴミの汁が漏れ出し，悪臭がしていた．朽ちたフタから野良ネコが入り込み，ゴミを散らかすこともしばしばであった．ゴミバケツの登場がこのような状態を救った．ゴミは家庭にためておき，収集時間に合わせてバケツごと出すようになり，街角の風景は一変した．このような出し方

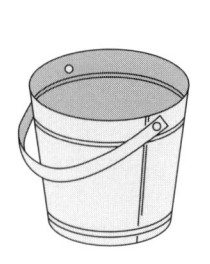

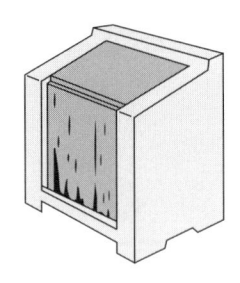

図1.6 従来のバケツとゴミ箱

は，バケツが軽いから可能になった．この風景も，軽便なポリエチレン製ゴミ袋が安価にできるようになってさらに変わり，ゴミ出し作業はさらに便利になった．

表1.2, 1.3にバケツ，ゴミ容器とゴミ袋を従来の製品と比較してみた．これらの例から，プラスチックが軽いこと，安価なこと，耐水性などの耐久性が優れていることなどの特徴がよくわかる．そして，プラスチックがいかに画期的な材料であったかが理解できると思う．

表1.2 在来材料との比較-1（バケツ）

項　目	プラスチック	ブリキ
材　質	ポリプロピレン	スズメッキ鋼板
耐水性	強い	傷があるとサビる
耐薬品性	ほとんど問題ない	傷があると酸に侵される
小さな外力に対して	変形するがもどる	変形が残る
大きな外力に対して	割れる	継ぎ目が外れる
耐低温性	低温でもろくなる	変化なし
耐熱性	165℃で溶融	200℃くらいでハンダが溶融
耐久性	屋外で少しずつ劣化	湿度が高いとサビ発生
外　観	カラフル	最初は銀色
重　量	プラスチックのほうが軽い	
価　格	プラスチックのほうが安価	

表1.3 在来材料との比較-2（ゴミ容器）

項　目	現行品		在来品
品　名	ポリ容器	ポリ袋	コンクリートゴミ容器
材　質	ポリプロピレン	高密度ポリエチレン	鉄筋コンクリート
重　量	持ち運び可能	最も軽い	重い（動かせない）
価　格	安価（個人で購入可能）	最も安価（使い捨て）	高価（町内で共同使用）
密閉性	フタで密閉可能	密閉可能	密閉不可能
衛生性	手入れをすれば衛生的	手入れも不要	不衛生になりやすい
強　さ	落としても壊れない	カラスが食い破る	衝撃で欠けやすい

このほか，プラスチックは製品をつくるうえでも優れている．着色が自由にできること，形状，とくに曲面が自由に表現できること，さらに，加工しやすく，安価なことなどをあげることができる．前記のバケツの例でいえば，ポリプロピレンと鉄との材料費を比較した場合，それほど差はない．ところが，図1.7に示すように，ブリキバケツでは鉄板にメッキをかけ，打抜き，曲げ加工，組立てと長い工程を経て完成する．一方，プラスチックのほうは，溶融させて金型の中に入れて冷やせば，着色まで終わった製品ができあがってしまう．このため，原料価格であまり差がなくても，製品になるとたいへん安価になる．

 とくに日本では，プラスチックにはどうしても代用品，安物のイメージがついてまわる．プラスチックと金属などの在来材料との両方で製品がつくられている場合，ほとんど例外なく，プラスチック製のほうが安価である．このため，このようなあまり好ましくないイメージができてしまった．

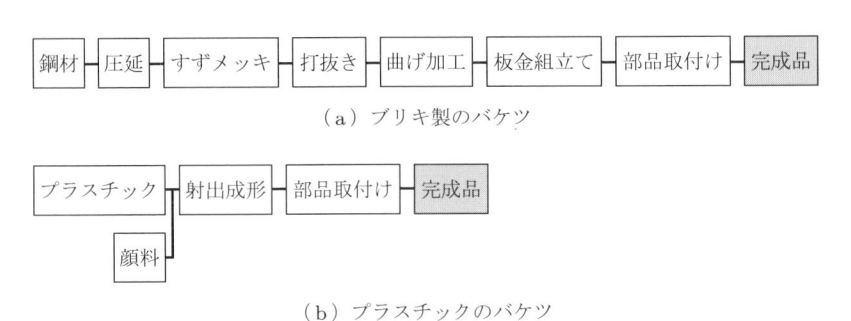

鋼材 → 圧延 → すずメッキ → 打抜き → 曲げ加工 → 板金組立て → 部品取付け → 完成品

（a）ブリキ製のバケツ

プラスチック・顔料 → 射出成形 → 部品取付け → 完成品

（b）プラスチックのバケツ

図1.7　在来工法との比較（バケツの例）

1.3.2　原料のコストダウンと安定供給

 プラスチックが急速に普及した理由を原料側からみると，石油化学産業の進展をあげることができる．

 昭和30年ころ，わが国ではエネルギー革命といわれる変化が起こった．SLが消え，マイカーブームが到来した．工場では，石炭ボイラーが重油ボイラーに転換した．化学原料にも変化が起こり，石炭化学から石油化学に急速な転換があった．その結果構築されたのが，石油化学コンビナートである．

 2章（p.17）で述べるように，石油は比較的簡単にプラスチックにすることができる．このため，石油化学はプラスチックの生産にたいへん適している．

日本は石油をほとんど産出しないが，この不利を臨海型のコンビナートとマンモスタンカーで克服し，安価にプラスチック原料を生産できる体制をつくりあげた．この体制は二度のオイルショックも乗り越え，いまもなお安泰である．プラスチックを安価に生産する技術を世界中から集め，自分のものにし，独自の改良を進めた．とくに，コストダウン要求に応えるため，成形品の生産性に影響の大きい加工性については，それぞれの用途で高度なノウハウが蓄積されている．

1.3.3 旺盛な応用開発

わが国のプラスチックの勃興期である昭和30年代は，家庭電化ブームと重なっている．当初，プラスチックの用途はバケツとかザルといった日用品，台所用品が中心であった．そして，家庭電化ブームが起こり，ラジオのキャビネットや冷蔵庫の内装などに使われ始めて需要は急伸した．家電に次いでマイカーブームが到来した．ご存知のように，わが国の自動車産業は小型大衆車に特化し，品質で世界を制覇した．小型乗用車は重要な輸出品となり，世界中で使われている．プラスチックにとってありがたかったことは，小型大衆車は最もプラスチック化が進んでいることだ．このため，わが国のプラスチックは自動車用の割合がほかの先進諸国に比べて大きい．部品によっては，かなり早い時期に世界のトップランナーになった．

家電にせよ乗用車にせよ，輸出比率が高く，プラスチックが製品の形で輸出される割合が高く，大量生産によるスケールメリットが得られた．このため生産技術，生産コスト面でたいへん有利だった．こういった需要先の状況も，プラスチックにとって幸運であった．

このように，大きなプラスチック需要をもたらしてくれた家電，乗用車メーカーであるが，最近は国際企業化し，生産を世界中でするようになり，プラスチックの需要に変化の兆しが出ている．生産拠点が多国化し，グローバルな調達を指向し始めたからだ．一方，プラスチックメーカーは前述のように，国内に十分な需要が得られたこともあって，国際化が遅れた．このため，世界中にプラスチックを供給する体制ができていないうえ，国内に有力な需要が豊富にあるという材料メーカーにとってたいへん恵まれた環境が崩れつつある．プラスチックも，世界を舞台に西欧の巨大企業と品質とコスト，それに供給ネットワークで競争する時代に入った．

1.3.4 加工業界の形成

　プラスチックを製品化するためには，金属やセラミックなどのほかの素材とはまったく異なる加工法が必要である．プラスチックが登場したとき，当然これらの技術はわが国には存在しなかった．これをかなり短期間にものにしたことは驚異に値する．このためにいろんな立場の人が行った努力は想像を絶する．

　戦後の混乱期に，ある企業は軍需産業から参入し，また，ある企業は木材や金属の材料転換でプラスチックに注目した．初期はまったくの手さぐり状態で，材料メーカーや機械メーカー経由で入ってくる海外情報を頼りに試行錯誤を繰り返し，一歩一歩，技術を積み上げ，品質，生産性において世界で最も進んだ技術を確立した．先に述べたように，需要家である家電製品や乗用車は品質で世界のトップに立ち，国際企業化したが，これを裏で支えていたのが，わが国の成形加工業である．

　なお，機械メーカーや金型メーカーなど，加工業を支援する産業の発展も忘れてはならない．機械メーカーは海外の技術を短期間で習得すると，独自の技術開発に取り組み，大量生産に適した成形機をつぎつぎと送り出した．とくに電動化，デジタル化を強力に推進し，他国との技術格差を決定的なものにした．いまでは，射出成形機において，わが国は世界の供給基地化しており，世界で動いている成形機の過半は日本製である．

　金型についても同様のことがいえ，いままでは新製品の連続でつぎつぎ課題が与えられ，これをよくこなし，プラスチック化を支えてきた．わが国の金型メーカーは用途ごとに集約化されているが，それぞれの分野に適した技術体系をつくりあげた．もちろん，金型についてもほとんどの分野で一流であるとみてよい．

1.3.5 まとめ

わが国のプラスチック産業が短期間の間に大発展をとげた理由は，
① 材料自体の良さ，とくに加工性が優れていたこと
② タイムリーな技術導入と石油コンビナート体制の構築が行われ，安価な材料が大量に供給できる体制が構築されたこと
③ 家電，自動車などのプラスチックを大量に消費する高度組立産業が興ったことと，これに加えて，この分野の需要は量的に重要であるのみなら

ず，質的にもきわめてレベルの高い技術を要求したこと
④ 新しい産業として，成形加工業が興ったこと
の4点に集約できる．

このようにみてくると，われわれはきわめて恵まれた環境にいることがわかる．いながらにして世界一流の技術を利用することができ，また，接することができる．わが国の需要の大きさ，技術レベルの高さは世界から注目されており，国外の材料メーカーや加工機械メーカーが日本に進出しようとする動きが強い．たとえば，エンジニアリングプラスチックをみると，ほとんど世界中の材料を国内で手にいれることができる．

もちろん，わが国の技術が諸外国に進出している例も多い．先に述べた射出成形機はいうまでもないが，成形技術，金型技術を海外移転して成功している企業が着実に増加している．

● COLUMN 2：日本型商品開発法 ●

　本文で述べたとおり，プラスチックの用途開発は自動車産業，電気産業がリードした．新しい用途は社内外の関係者を集めて開発チームを結成し，綿密な技術交換とスケジュールの調整のもとで一体となって進められる．これは，個人の責任を重視する西欧諸国での開発が，個人業務をリレー式に引き継いでいくのとたいへんな違いがある．

　この体制は，プラスチックの新しい用途，生産技術を蓄積するのに大きな役割を果たし，世界一の製品品質を育てあげた．また，開発チームはメンバーにとってサロンであり，情報源であり，学校でもあった．メンバーは開発を通して成長し，おたがいを理解し，情報を共有化した．世界に冠たる組立産業の地位を築いていった．

　ところが，この開発方式によって系列化が強化されたため，外国から閉鎖的で，アンフェアだと批判されている．また，グローバル化の進展にともない，このような結束の高いチーム運営が難しくなってきた．海外からの批判に応える意味でも，国際化に耐える新しい用途開発法の構築が期待される．

2 優れた特性を実現させるさまざまな工夫

プラスチックにはいろんな種類があり，しかも，従来の材料にない挙動を示す．個別のプラスチックの特性や現象をバラバラにみているとわかりにくい．
そこで本章では，プラスチックの特性がどのようにして生み出されているのかを述べながら，プラスチック全般の知識を理解できるようにした．
一見難解なプラスチックも，この章にでてくる「プラスチックの分類表」のように，きちんと整理するとわかりやすくなる．
個々の現象を覚えるのではなく，基本に立ち返って系統的な知識を身に付けてほしい．

2.1 分子構造上の工夫

これからの話は，熱可塑性プラスチック，つまり，狭義のプラスチックに限定して進める．プラスチックは糸状高分子であるという話をしたが，この分子にさまざまな工夫をしていろんなプラスチックをつくりだしている．表2.1はプラスチックの分類表であり，現在使われているプラスチックを覚えやすいようにまとめている．この表の横の列，つまり，**汎用プラスチック，準汎用プラスチック，エンジニアリングプラスチック，準スーパーエンプラ，スーパーエンプラ**（エンプラはエンジニアリングプラスチックの略）という五つの分類は，プラスチックの性能の指標である．従来からの習慣で，広く使われているものから，高性能で特殊な用途にしか使われていないものへと並べてある．プラスチックの性能といってもいろいろあるから，境界が厳密なわけではない．しかし，調べてみると**耐熱性**とよく対応をしており，耐熱性の低いものから高いものへと並んでいる．なお，耐熱性の表し方にもいろいろな方法があるから，一概にはいえないが，各グループのおおよその**使用限界温度**を表に示しておいた．

横の列はプラスチックの価格ともリンクしている．左にいくほど安く，右にいくほど高価になる．これも表におおよそのイメージを示しておいた．なお，

2.1 分子構造上の工夫

表2.1 プラスチックの分類表

分類		汎用プラスチック	準汎用プラスチック	エンプラ	準スーパーエンプラ	スーパーエンプラ
非結晶性プラスチック	透明	塩化ビニール GPPS 低密度ポリエチレン	アクリル樹脂 AS樹脂	ポリカーボネート	ポリアリレート ポリサルフォン ポリエーテルイミド	
非結晶性プラスチック	不透明	HIPS	ABS樹脂	m-PPE		
結晶性プラスチック	A			PET	PPS	
結晶性プラスチック	B	高密度ポリエチレン ポリプロピレン		PBT ポリアミド ポリアセタール		PEEK ポリアミドイミド
結晶性プラスチック	C					全芳香族エステル ポリイミド
耐熱性(℃) (使用限界温度)		～100		～150	～200	～250
化学構造		$+(C-C)_n$ $\quad \mid$ $\quad X$		$+(C)_n Y+_m$	$+(C)_n \bigcirc +_m$	
価格 (¥/kg)		～200	～400	～1000	～3000	～20000

GPPS：general purpose poly stylene, HIPS：high impact poly stylene, AS樹脂：acrylonitrile styrene polymer, ABS樹脂：acrylonitrile butadiene styrene polymer, m-PPE：modified poly phenylene ether, PET：poly ethylene terephthalate, PBT：poly butylene terephthalate, PEEK：ploy ether ether ketone

(注) 結晶性分類については本文参照.
　　　価格は代表的な品種を少量スポットで購入したときの概略の価格.

　価格は材料の種類，取引量などによって大きく異なる．とくに，資源インフレの影響がプラスチックの世界でも出ており，あてはまらないケースが多くなる可能性がある．

　さらにおもしろいことに，この列は化学構造の違いも示している．先ほどプラスチックは糸状高分子であると述べたが，この糸のつながりに相当する部分を**主鎖**という．この主鎖の構造をみると，汎用プラスチック，準汎用プラスチックは炭素原子のみからできている．このため，汎用プラスチック，準汎用

プラスチックは化学構造式で書くと，表に示したとおり，すべて $+(C-CX)_n$ となる．ここで，「n」はたくさんという意味で，炭素原子が300とか1000とか続くことを示している．Xの部分は，プラスチックの種類によっていろんな化学構造をとる．主鎖が炭素のみの鎖は，柔軟で動きやすい．このため，少し温度が高くなると変形しやすく，流れ出してしまい，耐熱性はそれほど高くない．

主鎖に対し，Xの部分は**側鎖**といわれている．側鎖の種類によってさまざまなプラスチックができる．側鎖の化学構造とプラスチックの性質との関係は複雑なので一概にいえない．しかし，側鎖が大きくなると分子は動きにくくなる．主鎖はそのままなので耐熱性には影響しないが，側鎖は材料の硬さを変える役割を果たす．表2.2に，側鎖の大きさと硬さの指標である引張弾性率の関係を示した．

表2.2　側鎖の大きさと引張弾性率

材料名	側鎖の大きさ（分子量）	引張弾性率（MPa）
ポリエチレン	1	600
ポリプロピレン	15	1500
塩化ビニール	35.5	2800
ポリスチレン	77	3500

耐熱性を向上させるためには，主鎖が運動しにくくなるようにする必要がある．そのためには，主鎖に炭素以外の元素を導入すればよい．炭素以外の元素としては，酸素や窒素などが考えられる．入れ方にもよるが，このような元素を入れると，鎖が硬くなり，動きにくくなる．また，分子どうしの親和性が上がるので，温度が上昇して分子運動が盛んになっても，隣どうしで動くことを牽制する．エンジニアリングプラスチックは，主鎖に炭素以外の元素が入っている．表に示すように，一般式では $+(C)_n Y_m$ で表すことができる．

さらに耐熱性を上げるには，**ベンゼン環**とか**芳香環**といわれる化学構造を主鎖に導入する必要がある．一般式で書くと，$+(C)_n ◎)_m$ で示される．なお，◎はベンゼン環を示す．エンジニアリングプラスチックの一部と，スーパーエンプラのすべてがこの構造をもっている．ベンゼン環も分子鎖を硬くするた

め，分子運動を起こりにくくする．

　プラスチックをつくる立場で表2.1を眺めてみよう．現在プラスチックの大部分は石油からつくられている．その石油は，長さこそ短いが，炭素の鎖からできている．これを長くつなぐ（重合という）操作を行ってプラスチックができあがる．このため，主鎖が炭素からのみできているプラスチックは安価にできる．側鎖を付けるのにもそれほど費用はかからない．したがって，すべての汎用プラスチックは製造サイドからみると安価にできる．このため，大量に使用されている．わが国のプラスチック生産量の80％は，汎用プラスチックである．

　主鎖に炭素以外の原子やベンゼン環を入れるには面倒な操作が必要であり，価格もそれだけ高価になる．需要も裏腹で，エンジニアリングプラスチック以上のプラスチックは使用量も少なく，通常われわれの目に触れることも少ない．

　以上で述べたことを整理すると，プラスチックの耐熱性は分子構造，とくに主鎖の構造で決まる．これが価格を決め，需要量を決めている．単なる記号にしか思えない化学構造から，プラスチックの特性ばかりでなく，価格や需要構造がわかることはおもしろい．表2.1の横の列を理解すると，化学構造からプラスチックの特性や価格が推定できるようになる．

2.2　結晶化による工夫

　表2.1で縦の列は結晶性で区別している．ウネウネ曲がるヒモ状の糸状高分子が結晶になるということは少し理解しにくいが，糸状高分子の小さな部分に注目してほしい．糸状高分子は，図2.1に示すように，**モノマー**といわれる小さな分子を規則正しくつなぎ合わせてつくられるから，高分子のヒモは規則正しい繰返し構造をしている．このような高分子が隣どうしで並び，繰返し単位が同じだと側鎖の部分がうまくかみ合うことができる．すると，隣どうしの分子が乱雑に並んでいる場合より分子間の接触部分が増し，隣どうしの接触がより緊密になる．すると，温度が上昇して飛び出そうとしたり，外力がかかっても，分子どうしが相対的な位置を変えにくくなる．隣どうしの分子が規則正しく並ぶことを，**結晶化**という．プラスチックの結晶は，鉱物結晶の理論を適用して説明されている．もっとも，高分子の場合は分子が大きいので，分子全体

図2.1 モノマーと重合反応

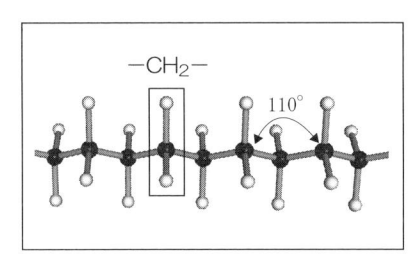

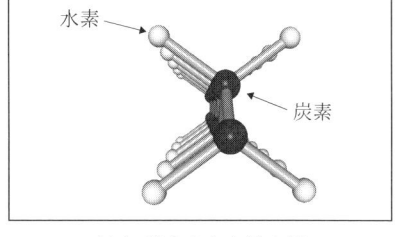

図2.2 ポリエチレンの分子構造
(a) 分子鎖方向から見た図
(b) 軸方向から見た図

が結晶化していることはない．そこで，先ほど述べた繰返し単位が重要になってくる．

最も簡単なポリエチレンの場合，図2.2（a）に示すように，繰返し単位は $-CH_2-$ であり，炭素鎖が約110°の角度でジグザグに伸び，これに水素が二つずつ同じ角度でツノを出したように付いている．これを軸方向から見ると，図（b）のようになる．このような分子は，水素のツノがぶつからないように，図2.3のように配置すると最も高密度で，しかも安定した状態になる．この状態が結晶である．

当然のことながら，結晶は分子構造によって異なり，結晶の大きさや結晶の強さなどに違いがある．なお，高分子は鉱物と異なり，長い分子の繰返し単位レベルで結晶化するため，分子全体が完全に結晶化することはなく，結晶化度は高いものでも60％程度にとどまっている．

結晶化すると水晶のように透明になると思われがちであるが，結晶部分と非結晶部分では光の屈折率が異なり，光の散乱が起こるので逆に不透明になる．高密度ポリエチレン，ポリプロピレン，ポリアセタールなどの結晶性プラス

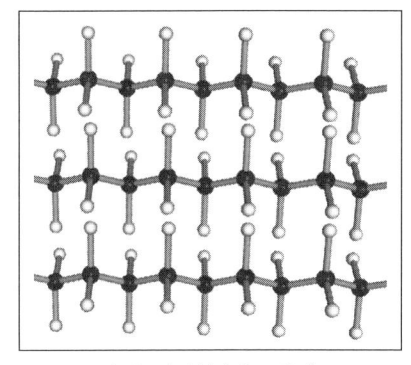

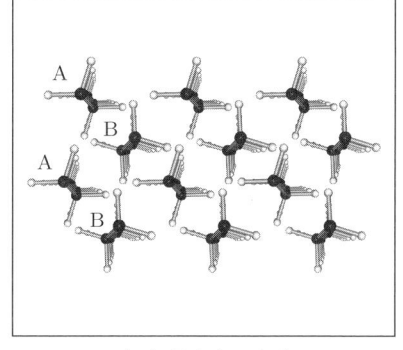

(a) 分子鎖方向の配列　　　　　(b) 軸方向の配列

水素原子どうしはできるだけ離れ，炭素 – 水素はできるだけ近くにきて，しかも最もコンパクトに配列している（A，B分子鎖はそれぞれ同じ向きになる）

図2.3　ポリエチレンの結晶構造

チックが不透明なのはこのためである．

　もう一つプラスチックでおもしろいのは，通常の成形品では結晶が球状に発達する点である．これは，成形品のでき方を考えると理解しやすい（図2.4）．溶融したプラスチックを冷却すると，結晶はすぐには生成せず，**過冷却状態**（結晶点以下の温度なのに結晶化しない状態）になる．結晶化すると体積は小さくなる．ところが，分子は長いうえ，周囲は冷えているので，分子は簡単には動けなくなってしまっている．このため，結晶は生成しにくい．ところが，何らかのきっかけで，ある部分で結晶化が始まると，過冷却状態だから，周囲の分子を結晶内に取り込みながら急速に結晶化が進む．結晶化は上下左右全方向に起こるため，球状に発達する．ただし，分子が長くて動きにくいため，結晶は無限に発達することはできず，周囲の分子が動けなくなった段階で停止し，残った部分は溶融していた状態に近い分子配列のまま固まってしまう．この部分が非結晶部分である．非結晶部分は機械的な性質や熱的な性質が結晶部分に比べて劣っているため，この状態は，ちょうどモルタルのなかにジャリが多数分布しているような状態になる．熱が加わって最初に動き出すのも，外力が加わって最初に変形するのも，非結晶性の部分である．

　球晶の大きさは，大きいものは 0.1 mm くらいあるため，光学顕微鏡で観察可能である．図2.5 に観察例を示しておいた．

(Ⅰ) 溶融状態

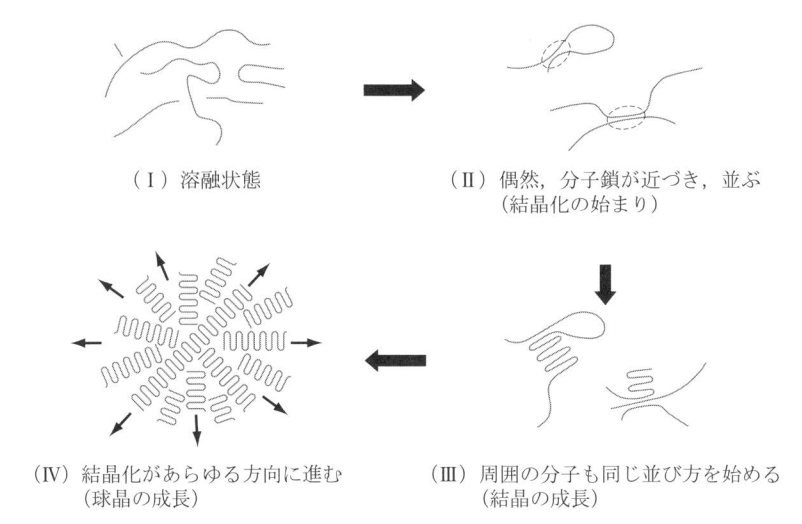

(Ⅱ) 偶然，分子鎖が近づき，並ぶ
（結晶化の始まり）

(Ⅳ) 結晶化があらゆる方向に進む
（球晶の成長）

(Ⅲ) 周囲の分子も同じ並び方を始める
（結晶の成長）

図2.4　球晶の形成

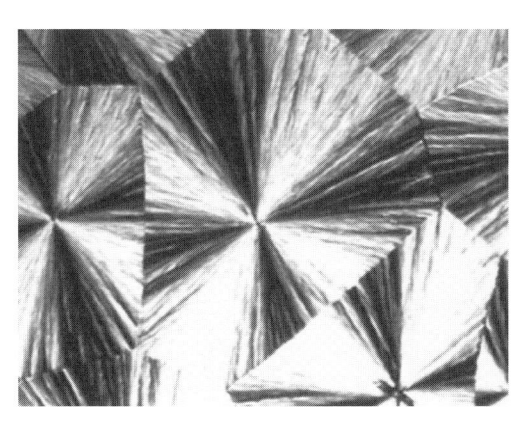

図2.5　球晶の顕微鏡写真
（福岡大学　安庭先生ご提供）

2.2.1　結晶化制御

　結晶化のしやすさは，まず，**分子構造**によって決まる．図2.2に出てきたポリエチレンのように，側鎖が小さく，スリムで規則性の高い分子は結晶化しやすい．一方，側鎖が大きい分子は結晶化しにくい．汎用プラスチックでいえば，側鎖の大きい塩化ビニール，ポリスチレン，アクリルなどは非結晶プラス

チックになる．

　繰返しが規則的にできていない分子は結晶化しにくい．後で述べるように (2.4.1 項参照)，AS 樹脂や ABS 樹脂の分子は共重合体であり，異なった種類の繰返し単位が不規則に並んでいる．このようなプラスチックは結晶化しない．分子式のうえでは単純なプラスチックでも，実際には繰返し単位が規則的でないものも非結晶になる．低密度ポリエチレンやアモルファスポリプロピレンはこの例である．ポリエチレンやポリプロピレンでは，分子の規則性を製造条件によって変えることができ，このことは性能を変える重要な手法になっている．

　逆に，結晶化を促進する方法もある．先ほど結晶化は始まりにくく，過冷却状態になると述べたが，プラスチックの結晶と似た形状をした微小な固体を添加しておくと，結晶開始が促進される．これは，その固体の表面に分子が配列されるためである．このような物質のことを，**結晶核剤**とよんでいる．結晶核剤を利用すると，結晶化しにくいプラスチックを結晶化させることができる．また，結晶化速度を促進し，成形速度を上げることもできる．たとえば，大量に添加して小さい結晶を多数発生させて柔軟な材料をつくったり，成形時の過冷却を緩和し，成形そりを軽減することなどが行われている．結晶核剤にはさまざまなはたらきがあり，PET やある種のポリアミドの成形材料では必須の技術である．

2.2.2　結晶化の役割

　ここで，もう一度表 2.1 にもどろう．表の縦の列には結晶性をおいている．これは，結晶によって，プラスチックの実用特性や加工性が大きく変わるからである．表において，縦の列は**性能**または**成形性**と考えてよい．

　表では**非結晶性**と**結晶性**に分け，非結晶性プラスチックはさらに**透明**と**不透明**に分けている．非結晶性のプラスチックは，特殊な添加物や顔料を添加しないかぎり透明である．これは，ガラスのように分子が不規則に並んでおり，光学的に均質で，光をよく通すためである．

　表を見るとわかるように，非結晶プラスチックでも不透明なものがある．それは，異種のポリマーを混ぜ合わせた材料である．このことを，金属のアロイ (合金) にあやかって**ポリマーアロイ**などとよぶこともある．異なった材料を混ぜることについては後で説明するが (2.6 節参照)，異なったポリマーを混

合すると，光の屈折率が異なるため，光が異なった分子の間を通過するとき界面で乱反射をし，不透明になる．これは，結晶性プラスチックの結晶部分と非結晶部分の場合と似ているが，ポリマーアロイのほうが界面が明確なため，不透明性が大きい．慣れるとこの二つを見分けることができるようになる．

最近は，アロイ材料の開発が盛んで，非常に種類が多いが，表2.1では，HIPS（ハイインパクトポリスチレン），ABS（アクリロニトリル−ブタジエン−スチレン）樹脂，m-PPE（変性ポリフェニレンエーテル）の3種をあげた．この三つは使用量が多いうえ，歴史も古いため，アロイ材料であるのに単一材料として扱われることが多いからである．

一方，表では結晶性プラスチックを結晶化のしやすさによって，次の3種類に分けた．

 A：結晶性が弱く，結晶化させるためには結晶核剤を添加し，高温金型で成形する（冷却速度を落として成形する）必要のあるもの

 B：典型的な結晶性プラスチックであり，溶融状態では結晶性が消え，成形すればどんな冷却条件で成形しても結晶化するもの

 C：結晶性がきわめて強いため，溶融させても分子間の結合が切れず，液晶性を示すもの

なお，A，B，Cの種類別は本書で便宜的に付けたグループ分けであり，一般的な名称ではない．したがって，「結晶性はB型ですか」と聞いても本書以外では通用しないのでご注意いただきたい．

Aはきちんと結晶化させれば結晶性のプラスチックとして優れた性能を示す材料であり，結晶核剤を添加することや，成形条件を結晶化しやすい条件に保つことが必須の材料である．成形方法や材料の配合によって，結晶化度が大きく左右される．

Bは普通の結晶性プラスチックであり，結晶性のため，耐熱性や耐薬品性，とくに耐有機溶剤性，機械的特性などは非結晶性プラスチックより優れている．ただし，結晶性のため，成形収縮率が大きいという問題があり，成形，とくに寸法精度を上げるためには非結晶性プラスチックに比べると大変な努力が必要である．成形条件による結晶化度の変化はAタイプの材料に比べれば少ないが，速く冷やせば結晶化度が下がり，ゆっくり成形すれば高くなる傾向はある．

Cは**液晶ポリマー**とよばれ，分子間の結合が強いため，きわめて高い耐熱性

を示す．耐熱性の必要な電気絶縁材料として実用化されている．問題は成形性であり，溶融しても分子間の結合が残るため，金型に入ったあとも流動時の分子配向が消えず，異方性が残り，流動方向に強い成形品ができる．このため，型の中をどのように流して成形するかまで検討する必要がある．

　長い説明であったが，再度表2.1にもどってほしい．縦の列と横の列とを組み合わせれば，どの材料がどんな特徴をもっているかが想像できるはずである．

　なお，便利なことに，この表には，あらゆるプラスチックが位置付けられる．もしあなたが新しい材料に出会ったとしよう．そのとき，あなたは化学構造と結晶性を調べればよい．そうすれば，この表の上に位置付けることができ，表の位置から，あるいは同じ欄にある材料から，おおよその性能が想像できる．この表を頭に入れ，なじみの材料の位置付けを，まず，しっかりしておけば，材料知識を発展させることが可能になる．

2.3　立体規則性による工夫

　プラスチックの歴史はかぎられた材料，かぎられた費用のなかで性能を最大限にしようとする努力の歴史である．そのなかで画期的なものは，ポリプロピレンで行われた**立体規則性制御**であろう．立体化学も古い歴史をもつが，ここではポリプロピレンについてのみ説明する．ポリプロピレンは$+CH_2-CH(CH_3)+_n$で示される．炭素原子はテトラポット状に4本の結合手をもっているが，ポリプロピレンの炭素の一つは，図2.6に示すように，それぞれの結合がすべて違ったものと結合している．このような炭素原子を，**不斉炭素原子**という．この結合形式には，図（a），（b）に示すように，2種類の結合の仕方がある．

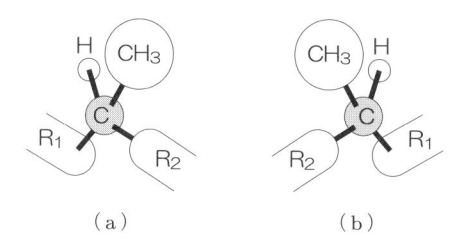

図2.6　ポリプロピレンの不斉炭素原子

この二つは鏡に映った像のように，別のものであることをまず理解してほしい．

この特性を利用して，ポリプロピレンの場合，以下に示すような3種類の異なった立体構造が考えられ（図2.7），それらをつくり分けることができる．

（a） 一方の結合だけでポリマーを形成する（**アイソタクティック**という）
（b） 結合が交互になるように結合する（**シンジオタクティック**という）
（c） 両方の結合が入り乱れている（**アタクティック**という）

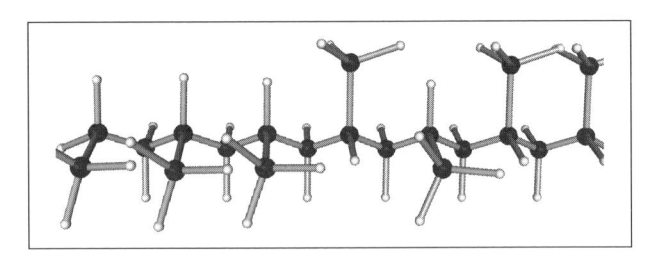

ポリプロピレンの場合，側鎖の CH_3- （メチル基）が，水素原子に比べると

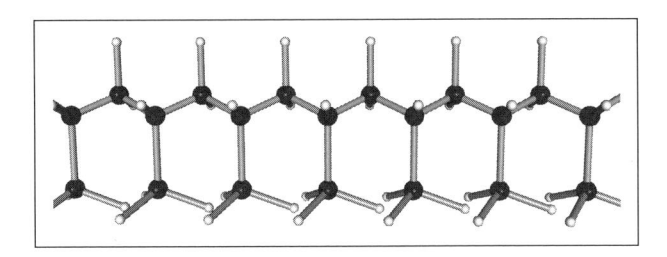

（a）アイソタクティック

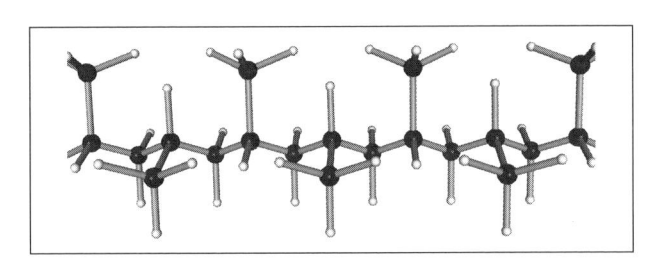

（b）シンジオタクティック

（c）アタクティック

図2.7　ポリプロピレンの分子構造

大きな体積を占める．アイソタクティックのようにメチル基が一方向にだけ出ているとコンパクトになり，結晶化しやすいし，分子間の結合も強くなる．シンジオタクティックも結晶化はするが，体積が大きくなるし，分子間の結合も大きくない．アタクティックにいたっては，メチル基が勝手な方向を向いているため，結晶化しなくなってしまう．

　分子鎖のなかでアイソタクティックとアタクティックの部分の割合を調整することによって，結晶化度を調整することができる．実際のポリプロピレンは，このことを利用して，性能の異なる材料をつくり分けている．**立体規則性**を利用して高性能な材料とする研究は，ポリプロピレンにとどまらず，ほかの材料でも検討されている．最近では，ポリスチレンの立体構造を制御し，結晶性を付与し，耐熱性を上げた材料が開発された．

2.4　分岐，共重合の工夫

2.4.1　共重合

　いままでは，分子鎖が同じ繰返し単位の連続でできている分子についてのみ述べてきたが，繰返し単位に変化を富ませることによって，いろいろな特性を付与できる．このようなポリマーのことを，**コポリマー**という．なお，繰返し単位が同じポリマーは，**ホモポリマー**といって区別されることがある．

　たとえば，ポリアクリロニトリルというポリマーは耐熱性が高く，機械的な特性も優れている．価格もそんなに高くない．ところが，このポリマーは分子間力が強いため，温度を上げても溶融しない．そこで，溶剤に溶かして繊維がつくられている．この特性を，繊維だけでなく何とかプラスチックの分野でも使えないかとさまざまな方法が考えられた．そして，成形性の優れたスチレンを混ぜて分子鎖をつくる方法が考えられた．その結果でき上がったのが，**AS樹脂**である．ASのAはアクリロニトリル，Sはスチレンの頭文字である．この材料は，透明で機械的な特性も優れていながら，通常の成形機で成形可能である．このように，異なった構成要素で分子鎖を形成することを**共重合**という．

　AS樹脂は繰返し単位が不規則に混ざっている．これをモデル的に示すと，図2.8（a）のようになる．このような分子鎖のことを，**ランダムコポリマー**という．これに対し，図（b）のように，ある部分はA成分ばかり，ほかの部

~A−A−B−A−B−B−B−A−A−B−B−B−A~

（a）ランダムコポリマー

~A−A−A−A−A−B−B−B−B−B−B−B−B~

（b）ブロックコポリマー

~A−A−A−A−A−A−A−A−A−A−A−A−A~
　　　　|　　　　　　　　　　|
　　　　B　　　　　　　　　　B
　　　　|　　　　　　　　　　|
　　　　B　　　　　　　　　　B
　　　　|　　　　　　　　　　|
　　　　B　　　　　　　　　　B
　　　　|　　　　　　　　　　|
　　　　B　　　　　　　　　　B
　　　　|　　　　　　　　　　|
　　　　B　　　　　　　　　　B

（c）グラフトコポリマー

図2.8　いろんなコポリマー

分はB成分ばかりといったポリマーを意図的につくることも可能である．このようなポリマーを，**ブロックコポリマー**という．この技術は比較的新しい技術であるが，プラスチックに**ゴム弾性**を付与するのに使われている．ゴム弾性については，3.7節「**熱可塑性エラストマー**」のところで詳しく説明する．図（c）のグラフトコポリマーについては，次項で説明する．

2.4.2　分　岐

プラスチックは糸状高分子であると説明してきたが，詳細にみるとそうでない部分もある．たとえば，図2.9に示すように，ポリエチレンでは重合条件を変えると，水素原子がエチレンと置換する反応が起こってしまう．その結果，枝分かれが起こる．枝分かれは結晶化を阻害する．ポリエチレンのなかでも枝分かれの多いものを低密度ポリエチレンといい，これはほとんど結晶化しない．このため，柔軟で透明性が優れている．もちろん，結晶化度が低い分だけ機械的な特性や耐熱性，耐溶剤性は劣る．この話は3.2節「**オレフィン系プラスチック**」のところで詳しく紹介するが，枝分かれを制御することで，特性を変えたポリエチレンがつぎつぎとつくられている．

さらに，分岐の精密な制御が行えるようになり，一箇所から何本もの枝分かれをさせることもできる．この技術も，ゴム弾性を付与する技術として使われ

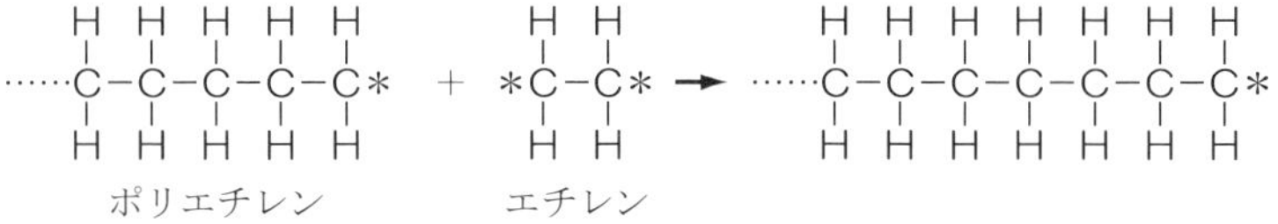

(a) 通常の付加重合

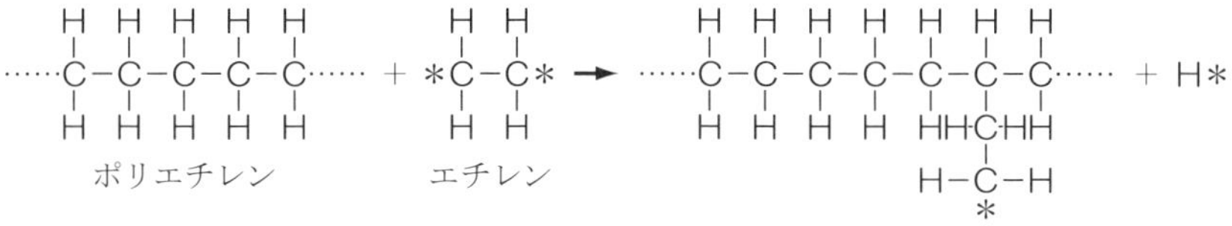

(b) 水素との置換による分岐

*はラジカル（活性化され，付加反応が起こりやすくなっている部分）を示す

図2.9　ポリエチレンの重合反応

ることがある．また，分岐と共重合の両方を同時にやってのけることもできる．つまり，図2.8（c）に示すように，枝だけを別の構成単位にすることができる．この構造のことを，**グラフトコポリマー**といっている．この技術で大量にものをつくっている例は少ないが，添加剤や改質剤として使われているポリマーのなかには，こんな特殊な構造をしたものもある．

COLUMN 3：モンテ詣（もうで）

　1950年代に，イタリア人のチグラーとナッタが立体規則性重合技術を開発した．この技術で製造されたポリプロピレン繊維は軽くて耐熱性があり，コシがあり，しかも安価なので，「夢の繊維」といわれた．企業化はイタリアのモンテカチーニ社で行われた．この技術を入手するため，世界中の会社が同社を訪問したという．当時，このことをマスコミは「モンテ詣」とよんだ．

　後になって，夢の繊維は染色が難しいことが判明し，衣料には適していないことがわかった．繊維では「夢破れた」というべきかもしれない．ところが，プラスチック分野は飛躍的に拡大した．まず，射出成形の分野では高密度ポリエチレンを代替した．そして，乗用車で最も多く使われるプラスチックにもなった．包装分野では，2軸延伸フィルムが透明性が優れていることから，防湿セロファンを代替した．

なお，プロピレンは使い道が少ないため，各コンビナートとも処分に困っていたが，ポリプロピレンの活況により，石油化学の原料バランスが改善できた．

2.5　分子量，分子量分布の工夫

　プラスチックは糸状高分子で構成されていることはすでに述べた．本節では，その分子の長さについて述べる．表1.1「脂肪族物質の分子量による性状の違い」の例からわかるように，一般に，分子が長くなるほど（**分子量が大きくなるほど**）プラスチックの性質は向上する．ただし，細かくみると一概にそうとはいえない．表2.3に，プラスチックの特性が分子量によってどのように変化するかをまとめた．分子量が大きいほど物性が向上するものが多いが，変わらないものもあり，逆に，加工性では分子量が小さいほうがよい場合もある．

　実際には，同じ種類のプラスチックでも用途に応じて分子量の異なるものがつくり分けられている．その際，考慮しなければならないことは，**材料生産コ**

表2.3　プラスチックの分子量と特性

	特　性	分子量の影響
物性	強　度	分子量が大きくなると，あるところまでは向上する
	衝撃強さ	分子量が大きいほうが優れている
	剛　性	分子量が大きくなるとわずかに低下する
	耐熱性	分子量が大きくなるとわずかに向上する
	耐疲労	分子量が大きいほど優れている
	耐クリープ	変形量はあまり変わらない．クリープ破断時間は高分子量ほど延びる
	耐薬品性	基本的な特性を変えるほどではないが，高分子量ほど良好
加工性	流動性	低分子量ほど良好
	固化速度	低分子量ほど固まりやすい
	混練性	低分子量のほうが混練しやすい
	ブロー成形	高分子量のほうが加工しやすい
	押出成形	極薄肉フィルム以外は，高分子量のほうが加工しやすい

スト，成形加工性，製品性能の3点である．たとえば，バケツのような射出成形品は成形性が最も重視され，性能を損なわない範囲で分子量の小さな材料が使われる．プリンカップのように薄肉で大量生産をする必要がある用途では，さらに流動性の高い低分子材料が使われる．これに反し，フィルムとかパイプのように成形中の流動性が高くなくてもよい用途では，性能を指向して，高分子量の材料が使われる．このように，分子量は性能と加工性を調整する重要なポイントである．

さて，一つのプラスチックのなかでも，分子の長さはすべてが同じであるわけではなく，短いものから長いものまでが混在して分布している．そのため，通常は**平均長さ**で表現している．最近は材料設計が精緻化してきて，この**分子量分布**までを問題にするようになってきた．分子量分布と性能の関係は，いろいろな例があって一概にはいえないが，分子の長さがそろって分布がシャープになると性能が向上し，長さが不揃いになって分布が広くなると加工性が向上する傾向がある．

2.6 混合による工夫

プラスチックどうし，あるいはほかの材料を混合することによって，性能の高い材料をつくろうとする試みは古くから行われてきた．混ぜる材料には非常に多くの種類があるが，その概要と物性向上効果を表2.4に示した．これらの手法で物性を向上させるということは，ほかの特性を犠牲にしていることを意

表2.4 混合による性能の向上

混合するもの	期待効果
ポリマー（ポリマーアロイ）	うまく混合できれば両ポリマーの中間の性能を出すことができる．ゴム分を添加して，耐衝撃性を向上させる例が多くみられる
無機物	補強材ともいわれるように，硬く，強くなる．その反面，もろくなる．ガラス繊維のような繊維状補強材は補強効果が大きいが，異方性が出る
色材	着色し，商品性を向上させる．透明プラスチックに添加して透明な着色ができる染料と，不透明な顔料とがある
各種薬品	性能向上，耐久性向上，加工性向上のため，多様な添加物が用いられる（表2.7参照）

味する.これらの材料を使いこなすには,どんな特性が損なわれるかに注目してみる必要がある.以下では,この点を簡単に述べる.

2.6.1 ポリマーアロイ

ポリマーアロイは,プラスチック(場合によっては単独ではプラスチックとはよべない材料もあるが)どうしを混合するのであるから,性能は原料の中間に位置付けられると考えてよい.ポリマーどうしは,完全に溶解しあっているわけではない.多くの場合,主要構成成分のなかに第2成分以下が浮かんでいるような,海島(うみしま)といわれる構造をとっている(図2.10参照).

この構造では,島の大きさが小さいほど性能の均一性が高くなるはずである(例外はあるが).粒子を小さくするには配合比率は関係なく,海と島の両成分の**親和性**を上げることが有効である.これは,親和性が高いと界面を容易に増加させることができ,容易に微粒化ができるためである.

親和性を増すためには,表2.5のような方法がある.単純にポリマーを混合すればよいというものではない.なお,親和性を高くするということは界面破壊が進みにくいことを意味しており,性能,とくに動的特性や長期的特性の改良にもつながる.化学的な特性は,もちろん中間的な挙動を示すが,海の成分に支配される面が大きい.化学的な劣化は弱いところに集中することを考えると,アロイによる特性の改良では,欠点が残ってしまう場合もあり得る.

ポリマーアロイの成形性は,構造から想像できるように,海,つまり主成分

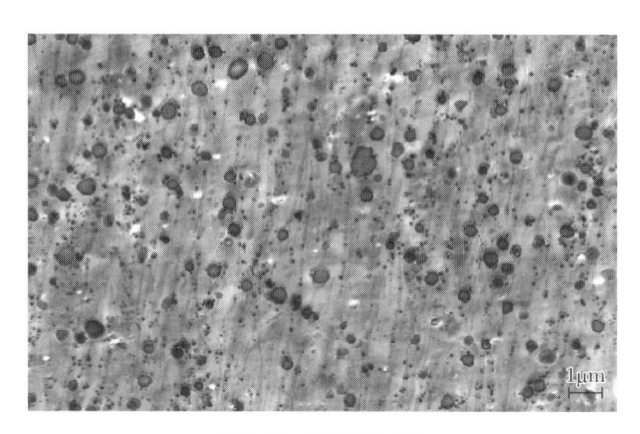

図2.10 海島構造の例

表2.5 ポリマー間の親和性向上法

手法	内容	モデル図
相溶化剤	ポリマーAとポリマーBと両方に親和性のある低分子物を添加する	(ポリマーA／ポリマーBの間に相溶化剤)
共重合	ポリマーAにポリマーBを共重合する．ブロック共重合やグラフト共重合が有効な場合が多い	(AB共重合体：A-A-A-A-B-B-B-B，ポリマーA／ポリマーB)

のポリマーに支配される．主成分が結晶性であれば結晶性の挙動を示し，非結晶性であれば非結晶性の成形挙動を示す．ただし，第2成分以下は流動にほとんど寄与しないから，流動性は悪くなり，成形しにくくなる傾向がある．成形収縮率は各成分に比例すると考えてよい．また，成形時には異常な高速変形や高温が加わることがある（とくに，流動性が悪くなると，過酷な条件が必要な場合がある）ため，せっかくうまくできていた分散構造を破壊してしまうことがある．すると，その部分の性能が低くなってしまう．これは成形品の形状，成形条件によって異なるため一概にはいえないが，それだけに注意を必要とする点である．この問題も，各成分の親和性を高くすれば起こりにくくなる．

2.6.2 無機系強化剤

無機物を添加して，プラスチックの強度を増すことができる．プラスチックの補強に使用されている**フィラー**（添加物）を，表2.6に示す．典型的なものとしてはガラス繊維がある．ガラス繊維は繊維状だが，最近は粒子状，板状など多様な無機強化剤が用いられるようになった．繊維の場合は流動方向に配列される傾向があり，成形品の性能に異方性が出やすい．

無機物とプラスチックでは，**熱膨張率や弾性係数**で1桁，**破壊変形率**では1桁から2桁も違う．このように特性に差がありすぎるため，うまく長所だけが具現化できるとはかぎらない．とくに，柔軟性が失われることによる耐衝撃性の低下は，実用上問題になることがある．

表2.6 無機フィラーの種類と特徴

種　類		例	特　徴
繊維状	無機繊維	ガラス，アルミナ	安価で補強効果が大きい
	炭素繊維	炭素繊維	強度大，導電性がある
	金属繊維	銅，ステンレス	導電性，電磁波遮蔽性がある
	有機繊維	アラミド，ビニロン	耐摩耗性を損なわない
板　状	針状結晶	チタン酸カリ	微細なため少量で補強できる
	板状結晶	マイカ，黒鉛	固体潤滑効果がある
	ガラスフレーク	(ガラス)	異方性が小さい
粒　状	無機粒状	タルク，シリカ	異方性が小さい
	カーボンブラック	(各種)	導電性，光遮蔽性がある
	ガラスビーズ	(ガラス)	粒子サイズが均一
	中空ビーズ	ガラス，シラス	軽量化できる

　無機物とプラスチックは親和性が低いため，高性能の成形品を得るためには，親和性の向上が必要になる．多くの場合は，無機物サイドに表面処理を行う．界面活性剤はプラスチックにも無機物にも親和性をもっているため，広義の界面活性剤を添加する方法もある．ただし，原料の組成だけでなく，界面の親和性処方によって性能が大きく異なるので，材料を比較するときなどには注意が必要である．

2.6.3　可塑剤

　可塑剤とは，プラスチックと親和性のある有機溶剤のうち，プラスチックに添加するとプラスチックが柔軟になるものをいう．可塑剤は，塩化ビニールにしか実用化されていない．これは，ほかの材料では，安価で安全な可塑剤が見い出されていないためである．塩化ビニールの場合，可塑剤は材料の柔軟化に広く使われており，硬さを広範に変えることが行われている．

　可塑剤中で塩化ビニールは分散状態を変えることができ，液状になったり固まったりする．この現象を，「ゾル－ゲル転移」という．この現象を利用して，薄肉品や中空体などのユニークな成形品がつくられている．

2.6.4 その他の添加剤

どのプラスチックにも，必ず何種類かの添加剤が使われており，用途に応じた材料がつくられている．これを，いままで説明した部分を含め，表2.7にまとめた．添加剤はプラスチックの種類ごとに多様な薬剤があり，なかには複合効果のあるものがあったり，望ましくない副作用のあるものがあったりする．また，組み合わせると分解してしまったり，ポリマーを侵すものさえある．したがって，何を目的に，どんな種類の添加剤をどれだけ添加するかは，プラスチック材料設計上の重要なノウハウになっている．最もよく知られているポリエチレンでも，食品包装に使われるものと屋外で使われるエクステリア用の材料では，配合がまったく異なる．加工法によっても添加剤が異なるため，材料を決定するには使い方，加工法をはっきり説明してメーカーに相談しないと思わぬ失敗をする．

表2.7 プラスチック用添加剤とその機能

種 類	添加物	種 類	添加物	種 類	添加物
物性改良剤	柔軟化剤 強化剤 結晶化促進剤 中空フィラー 発泡剤 高密度フィラー 架橋剤 衝撃性改良剤 難燃化剤 寸法安定化剤 熱伝導度向上剤 断熱・遮音剤	耐久性改良剤	耐候剤 耐熱剤 耐光剤 酸化防止剤 反応停止剤 その他劣化防止剤	生物特性改良剤	坑菌剤 防カビ剤
		表面特性改良剤	光沢剤 ぬれ性改良剤 つや消し剤 摩擦係数低減剤 摩擦係数向上剤 静電防止剤 表面加工補助剤	成形性改良剤	滑剤 離型剤 可塑剤 相溶化剤 加工安定剤 二次加工安定化剤
着色剤	染料 顔料			電磁特性改良剤	磁性体 シールド材 導電材 その他

2.7 延伸，配向による工夫

いままでの特性付与手段は材料段階で行われていたが，さらに，製品に近い段階で性能が付与されることもある．その最大のものは成形品の形状因子であ

る．製品設計の寄与はきわめて高いが，これは製品の世界の問題であり，材料の話からはあまりにも逸脱するので，ここでは取りあげない．もう一つの要因は，成形品の中に糸状高分子をどのように配列させるかという問題である．将来，精密な成形が可能になり，分子1本1本が精密に配置できるようになったら，きわめて高性能な成形品ができるはずである．しかし，現時点ではそのような精度の高い成形を行うことはできない．しかし，強度を大きく増進させる手法として，**延伸**がある．また，意図しているわけではないが，成形中に分子が特定の方向を向いてしまうことがある．これを**配向**というが，これもうまく利用すれば物性向上手段として活用できる．本節では，この二つの手法を取りあげる．

2.7.1 延　伸

　結晶性プラスチックの温度を上げていくと，分子の運動が活発になる．もちろん，非結晶部分のほうがおたがいの拘束が小さいので運動が活発である．固体でも，ある温度以上になると結晶部分ではまだ運動が起こっていないが，非結晶部分では，液体に近い活発な分子運動が起こっている．さて，図2.11に示すように，このとき，一方向に強く引っ張ると，分子が引っ張られた方向に引き伸ばされる．また同時に，分子間にズリが生じる．そして，隣どうしの分子は安定な位置で新たな結晶をつくる．これを延伸という．このように強く引っ張られた状態でつくられた結晶は，球晶とは異なり，**繊維晶**とよばれる．
　繊維晶は分子が一定の方向に引きそろえられているのが特徴であり，その方向にはきわめて強い．なお，延伸の過程で残っていた球晶も，順次ほぐされて

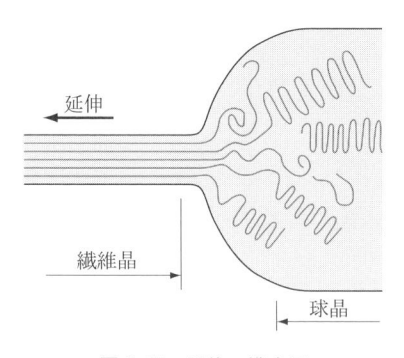

図2.11　延伸の模式図

繊維晶に変化する．繊維晶は微細なため，不透明にはならない．

延伸は合成繊維の中心技術であるが，プラスチックの分野でも，荷造りヒモなどに応用されている．

フィルムの場合は一方向にのみ強度が高いと使いにくいため，**2軸延伸**という加工が行われる．縦横両方に引っ張ることにより，異方性のないフィルムができる．なお，繊維のように一方向にしか延伸しない場合を区別するときは，**1軸延伸**という．両者の繊維晶の配列の違いを概念的に示すと，図2.12のようになる．

複雑な形状をした通常の成形品では均一に引き伸ばすことが難しいため，延伸の適用は困難であったが，PETボトルではこれを成功させた．図2.13に示したPETボトルの製造工程例のように，前もって小さなボトルを成形してお

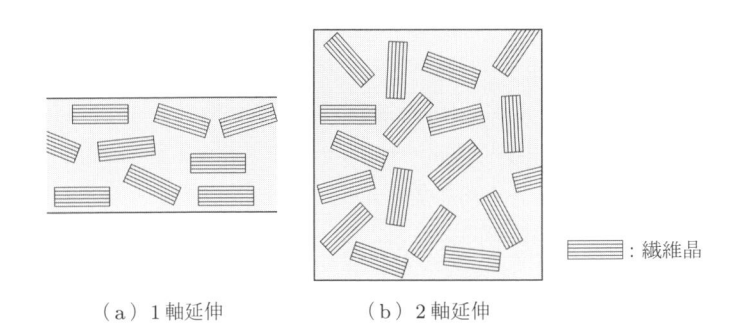

(a) 1軸延伸　　(b) 2軸延伸

図2.12　1軸延伸と2軸延伸の繊維晶

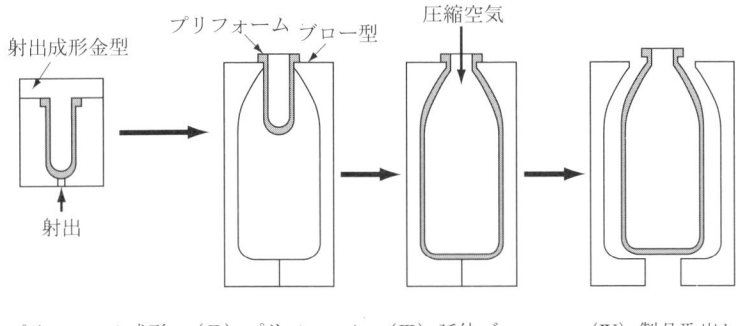

(Ⅰ) プリフォーム成形
    (射出成形)
(Ⅱ) プリフォーム装着
(Ⅲ) 延伸ブロー成形
(Ⅳ) 製品取出し

図2.13　PETボトルの製造工程例

き，これをしかるべき温度に加熱したうえで金型に入れ，内側に高圧の空気を吹き込む．この前もってつくった小さなボトルのことをプリフォームという．すると，ボトルは風船の要領で引き伸ばされ，金型に張り付き，薄くて強いボトルができる．

このように，合成繊維の世界で始まった延伸の技術が着実に応用分野を拡大している．延伸は，素材を変えないで強度を向上させる大変有効な性能向上手段である．

2.7.2 配　向

延伸が意図的に行われるのに対し，配向は意図せずに起こる．そして，場合によっては，性能を損なう原因になる．

どの成形法でも溶融したプラスチックを流動させるが，このとき，分子は流動方向に伸ばされ引きそろえられる．伸び方は分子の長さや流動速度によって異なる．流動が終わって冷却が始まると，分子に加わる応力がなくなり，各分子は勝手に動き出す．そして，やがて勝手な方向を向いてしまう．しかし，冷却が速すぎて動きまわる時間が不十分な状態で固まってしまうことがある．すると，分子は流れ方向を向いたまま固まってしまう．このような状態を，**配向**という．

配向した成形品は流動方向を向いている分子が多く，この方向には強く，直角方向には十分な性能が発揮できない．ポリエチレンバケツが破れたのを見たことがないだろうか．必ず胴が縦に裂ける．これは図 2.14 に示すように，バケツを成形するとき，溶融プラスチックを底の中心から縁に向けて流すため，胴に縦方向の配向が残るせいである．スーパーの買物袋が縦に裂けやすいのも同じ原理である．

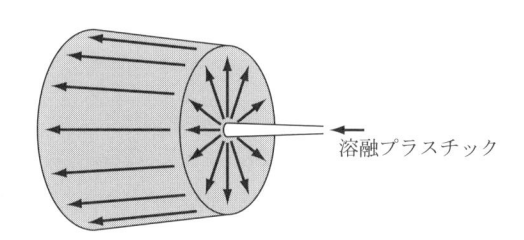

図 2.14　バケツ成形時のプラスチックの流れ

配向を積極的に利用している例もある．たとえば，食品包装フィルムの場合は，破る方向と配向方向を合わせておくと，開封しやすくなる．

3 いろいろなプラスチック

この章では，プラスチック材料の各論を扱う．プラスチックの種類はきわめて多く，面倒な化学式が出てくる．しかも，覚えなければならない物性値も多い……．

自分の経験で判断しては失礼かもしれないが，とにかく取っ付きにくく，各論に入った途端にイヤになる．そこで本章では，プラスチックを選択したり，使いこなすうえで最低限知っておかなければならない知識のみを扱うことにした．

ここでも，前章の「プラスチックの分類表」に登場してもらい，できるだけわかりやすく説明する．

3.1 プラスチックの種類と分類法

本章ではたくさんの種類のプラスチックを説明するが，覚えやすさのベースになるのは，先ほどから何度も使っている表 2.1 である．この表にはあらゆるプラスチックが位置付けられるから，この表のどこに位置付けられるかさえわかれば，各論で覚えなければならないことは多くないはずだ．

説明の都合上，表 2.1 を表 3.1 として再掲する．われわれが生活の中で出会うプラスチックのほとんどは**汎用プラスチック**だから，表の最左列が理解できれば実質上不便はない．これに**準汎用プラスチック**を加えれば，プラスチック使用量の 90％以上がカバーできる．さらに**汎用エンプラ**を加えれば，相当専門的な仕事でもまず困らない．したがって，汎用プラスチックの位置付けがしっかりできれば，プラスチックの基礎はできたと考えてよい．

その汎用プラスチックは俗に **5 大汎用プラスチック**とよばれ，塩化ビニール，低密度ポリエチレン，高密度ポリエチレン，ポリプロピレン，それにポリスチレン（表の GPPS）を覚えればよい．

五つもあるが，このうち低密度ポリエチレン，高密度ポリエチレン，ポリプロピレンは一つのグループとみなすことができ，オレフィン系プラスチック，または**ポリオレフィン**とよばれている．すると，覚えなければならない材料は 3 種類ということになる．

表3.1 プラスチックの分類表

分類		汎用プラスチック	準汎用プラスチック	エンプラ	準スーパーエンプラ	スーパーエンプラ
非結晶性プラスチック	透明	塩化ビニール GPPS 低密度ポリエチレン	アクリル樹脂 AS 樹脂 （スチレン系）	ポリカーボネート	ポリアリレート ポリサルフォン ポリエーテルイミド	（耐熱透明）
	不透明	HIPS	ABS 樹脂	m-PPE		
結晶性プラスチック	A	（オレフィン系）		PET	← PPS （エンプラ化）	
	B	高密度ポリエチレン ポリプロピレン		PBT ポリアミド ポリアセタール	（高耐熱）	PEEK ポリアミドイミド
	C					全芳香族エステル ポリイミド
耐熱性（℃）(使用限界温度)		～100	～150	～200		～250
化学構造		$-(C-C)_n-$ $\quad\ \ \ \mid$ $\quad\ \ \ X$		$-(C)_n Y)_m-$		$-(C)_n \bigcirc)_m-$
価格（¥/kg）		～200	～400	～1000	～3000	～20000

GPPS：general purpose poly stylene, HIPS：high impact poly stylene, AS 樹脂：acrylonitrile styrene polymer, ABS 樹脂：acrylonitrile butadiene styrene polymer, m-PPE：modified poly phenylene ether, PET：poly ethylene terephthalate, PBT：poly butylene terephtalate, PEEK：poly ether ether ketone

（注）結晶性分類については本文参照．
　　　価格は代表的な品種を少量スポットで購入したときの概略の価格．

また，ポリスチレンはGPPS，HIPS，準汎用プラスチックのAS樹脂，ABS樹脂，それに汎用エンプラのm-PPEが大きなグループをつくっており，**スチレン系プラスチック**とよばれている．

そこで，ポリオレフィン，スチレン系プラスチックの2大グループをまず押さえることにしよう．そうすれば，表3.1に示したように，かなりの材料が理解できたことになる．これ以外の材料はこれらと対比しながら覚えれば，プラスチック各論突破はむずかしくない．

3.2 オレフィン系プラスチック
―― 低密度ポリエチレン，高密度ポリエチレン，ポリプロピレン ――

3.2.1 最も身近なプラスチック

先ほど述べたように，プラスチックを理解するのに必要な最初の山がオレフィン系プラスチックである．プラスチックを理解するときは，用途例をたくさん覚えて，特性を用途のイメージでつかむと覚えやすい．そこで，表3.2にポリオレフィンの用途を，材料と加工手法をもとにまとめてみた（加工法については6章で解説）．この表にどんなイメージを抱かれるだろうか．風呂場の石鹸置き，スーパーの買物袋，荷造りヒモと並べると，イメージが散漫になってしまうかもしれない．しかし，ポリオレフィンは目立たないが，生活に密着した材料であることだけは理解できると思う．

表3.2 ポリオレフィンの用途

	高密度ポリエチレン	低密度ポリエチレン	ポリプロピレン
射出成形品	バケツ，浴用品 業務用容器	密閉容器のフタ	（高密度ポリエチレンと同じ）
ブロー成形品	シャンプーボトル 灯油缶	化粧品チューブ	―
シート・フィルム	ゴミ袋 買物袋	小袋 食品包装	タバコ包装 透明ファイル
テープ	―	―	荷造りヒモ
押出成形品	水道管 ガス管	散水ホース 床暖房用パイプ	―

3.2 オレフィン系プラスチック

　取っかかりに代表的な用途を一つだけ覚えるなら，バケツがよいと思う．バケツの表面をなでたり，押してみよう．表面はヌメッとした独特の触感がある．これはポリオレフィン共通の特徴であり，石油から直接つくられていることに由来する．この感覚を，英語では **waxy** という．これは，ワックスの表面を触ったときの感覚を意味する．ロウソクや固体燃料を触ったときの感覚とも似ている．

　色を見るなら，食品用の密閉容器がわかりやすい．バケツは着色されているが，本来は乳白色をしている．これは，ポリオレフィンが結晶性プラスチックであるからだ．表 3.1 では非結晶性の透明に分類されている低密度ポリエチレンも，わずかに結晶化しており，透明度は高いが乳白色をしている．

　このほか，硬からず，軟らかからずの硬さも独特のものである．ポリオレフィンの硬さは種類によって違うが，構造用材料としては，軟らかい部類に属する．そのなかで最も硬いのはポリプロピレンであり，これはバケツやビールビンコンテナなどの大型成形品に使われる．高密度ポリエチレンはこれに次いで硬く，シャンプーボトルや灯油缶に使われている．低密度ポリエチレンになると，ポリ袋，散水ホース，化粧品チューブなどに使われており，かなり軟らかくなる．食品用密閉容器は本体に硬いポリプロピレンを使い，フタに柔軟な低密度ポリエチレンを使っている場合が多い．硬い本体が柔軟なフタを変形させ，シールが完全に行われるよう設計されている．密閉容器には材質表示があるので，機会があったら確かめてほしい．

　硬さが異なるのは結晶化度の違いと理解してよい．つまり，最も硬いポリプロピレンが最も結晶化度が高く，低密度ポリエチレンが最も低い．このあたりは 2.4.2 項（p.26）でも説明したが，表 3.1 の概念が頭に入っていると理解しやすい．最近では結晶化度を連続的に変えることができるようになり，さまざまな硬さの材料がつくられている．このため，高密度と低密度の中間に中密度という分類が設けられることもあるほどである．しかし，いろんな密度のものが連続的につくられているため，境界があいまいになっている．表 3.3 に，ポリオレフィンの特徴を示しておいた．

　表 3.2 にもどろう．フィルム，テープなどは，射出成形品とは別のもののように思える．これらの成形品には，**延伸**という加工が加わっているためだ．延伸とは，分子を一方向に引きそろえる操作をいう（2.7 節参照）．延伸すると分子が一方向を向くため，その方向の強度が高くなる．

表3.3　ポリオレフィンの特徴

長　所	短　所
軽量で水に浮く	剛性が低い
柔軟で耐衝撃性に富む	表面が軟らかくキズが付きやすい
繰返し疲労特性が優れている	耐熱性の低いものがある
耐水性が優れている	クリープ特性が劣る
ほかの薬品にも耐久性が高い	不透明で光学用途には使えない
幅広く特性を変えることができる	水蒸気以外のガスが透過しやすい
加工性が優れている	
原料費が安価	

　延伸は，複雑な形状のものや厚みのあるものには適用しにくい．最も簡単な例は荷造り用のヒモであり，これは長手方向にのみ引き伸ばされている．このため，ヒモは薄いにもかかわらず，軸方向にはたいへん強い．ただし，延伸されていない横方向には弱く，簡単に裂ける．フィルムを縦横両方向に引き伸ばすと，どちらの方向にも強いフィルムができる．タバコ外装の透明フィルムには，2軸延伸ポリプロピレンフィルムが使われている．2軸延伸ポリプロピレンフィルムはOPPと略称され，タバコのほか菓子などの個装に多く使用されている．延伸フィルムは透明性が優れている．これは，延伸の結果生じる**繊維晶**という結晶の大きさが，光の波長よりはるかに小さいためである．延伸したものの性能は，結晶化しやすい材料のほうが高くなる．このため，延伸加工はポリプロピレンで多く行われ，低密度ポリエチレンではほとんど行われない．

　以上では，ポリオレフィンについて当面知っておかなければならないことを述べてきた．これを基礎にして，生活や仕事のなかで知識を増やしていってほしい．

3.2.2　物性を変えるもの

　ポリオレフィンは，好ましい特性を実現するために分子構造を変えて，結晶化挙動を変化させることが多い．主なポリオレフィンの改質法を，表3.4に示す．ポリプロピレンは，立体規則性をうまく利用している．ポリエチレンは**不斉炭素**（図2.6参照）がないから，**分岐**（2.4.2項参照）を利用して特性を変えている．分岐が多くなると結晶性が損なわれ，透明性が出て，柔軟な材料になる．

表3.4 ポリオレフィンの改質法

改質手法	変化するもの	改良される特性
分 岐	分岐が増えると ・結晶化度が低下する ・密度が低下する	分岐が増えると ・柔軟になる ・耐衝撃性が向上する ・溶融粘度が高くなる ・耐熱性が低下する
分子量	分子量が大きくなると ・分子の動きが緩慢になる ・分子間の結合が増加する	分子量が大きくなると ・耐衝撃性が向上する ・結晶化速度が遅くなる ・溶融粘度が高くなる
分子量分布	分子量分布を狭くすると ・低分子が少なくなる ・物性が向上する	分子量分布を狭くすると ・耐衝撃性が向上する ・強度が向上する ・結晶化速度が遅くなる
立体規則性 （ポリプロピレン）	立体規則性が高くなると, 結晶化度が高くなる	立体規則性が高いと ・融点が上がる ・強度が上がる ・硬くなる
共重合	（相手による）	・エチレン, プロピレンの共重合では柔軟になる ・酢酸ビニルの共重合では柔軟になり, ガス遮断性が向上する
架 橋	（低密度ポリエチレンで実用化）	耐熱性が向上する
ポリマーアロイ	（ポリプロピレン／オレフィン系エラストマーが実用化）	ポリプロピレンにエラストマーを添加すると柔軟になり, 耐衝撃性が向上する
フィラー添加	ポリプロピレンでガラス繊維などのフィラーが添加されている	・耐熱性が向上する ・強度, 剛性が向上する

● **立体規則性制御**

　ポリプロピレンは，重合法によって立体規則性の程度を変えることができる．規則性が高いと結晶化度が高くなり，硬くて耐熱性の高い材料になる．規則性は広い範囲で変化できるので，さまざまな特性のポリプロピレンが供給されている．

● 分岐制御

　ポリエチレンは，重合条件によっては完全な線状高分子でなく，枝分かれした分子ができる．大ざっぱにいうと，激しい条件で短時間に反応させると枝分かれが大きくなる．低密度ポリエチレンのことを，**高圧法ポリエチレン**ということがある．これは，低密度ポリエチレンの製造条件が 150〜200 MPa ときわめて高圧であるためである．このような場合は枝分かれが起こりやすい．

　化学に強い人は，エチレンを重合するとき，枝分かれが起こることは理解しにくいかもしれない．化学で教えてくれるポリエチレンの重合反応は，図 3.1（a）のような単純な二重結合の付加反応だからである．

　エチレンが触媒や高温高圧によって反応しやすくなった状態を，**ラジカル**という．ラジカルが別のエチレンの二重結合に付加すれば，図（a）のように分子は糸状に伸びていく．しかし，これのみではない．ラジカルは，図（b）のように，すでに重合しているポリエチレンの水素原子をはずすことがある．もちろん水素原子はラジカル化するが，この原子は$-CH_2-$ を CH_3- に変える

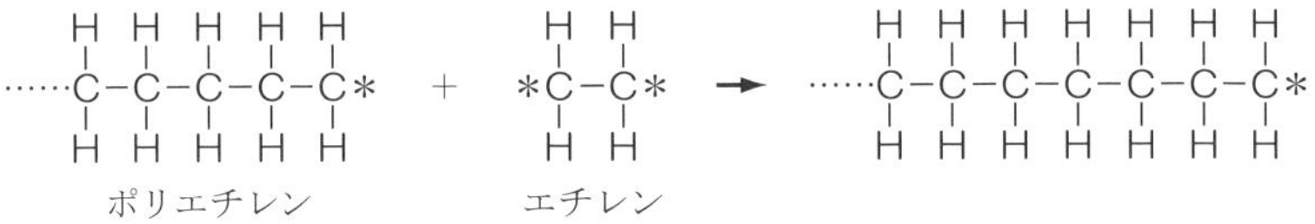

(a) 通常の付加重合

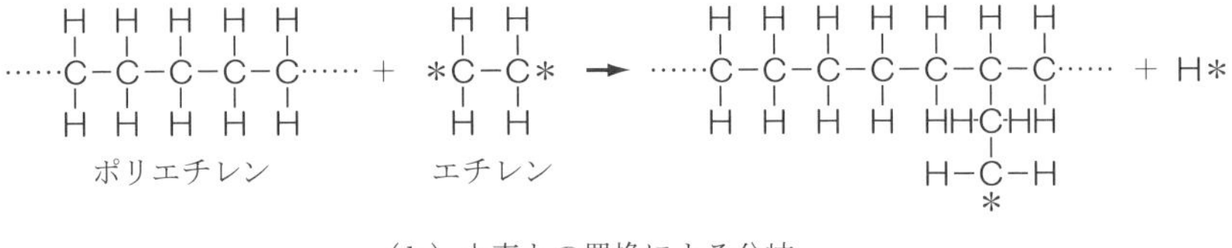

(b) 水素との置換による分岐

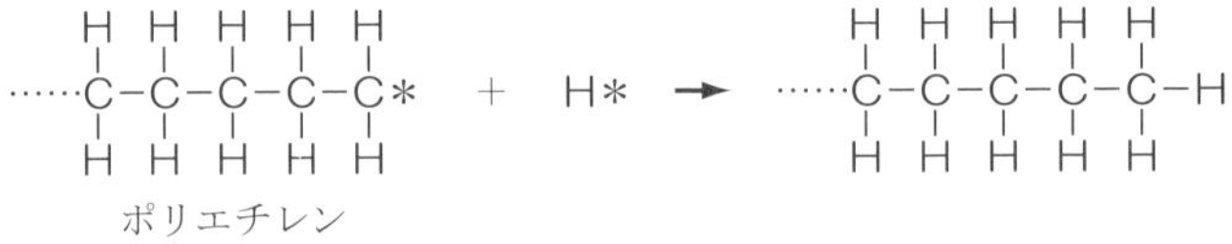

(c) 水素ラジカルによる重合反応の終了

＊はラジカル（活性化され，付加反応が起こりやすくなっている部分）を示す．

図 3.1　ポリエチレンの重合反応

はたらきをするため，重合反応を終わらせる役目をする（図 (c)）．低圧でも活性な触媒を使用して重合させた場合は，図 (a) の反応が主流になるが，高圧での反応では，図 (b)，(c) の反応も多くなる．歴史的にいうと，低密度ポリエチレンが最初に開発され，活性が高く，選択性の優れた触媒が開発されるにつれて反応条件がマイルドにできるようになった．その結果，希望する分岐のものを自由に制御することができ，多様なポリエチレンが得られるようになった．

● 共重合の利用

　ポリエチレンを重合する際に，プロピレンを少量添加することがある．プロピレンが分子の中に取り込まれると，その部分は小さな枝分かれができたのと同じことになる．つまり，ポリエチレンの結晶とポリプロピレンの結晶はまったく異なるため，ポリエチレンの結晶化を阻害し，結晶化度を下げることができる．この方法を利用すれば，高密度ポリエチレンと同じ製造方法で密度の低い材料をつくることができる．このように，エチレン以外のモノマーを共重合させてつくられた低密度ポリエチレンは，**リニアローデン（LLDPE）**とよばれている．この方法だと，分岐の数や長さは添加するモノマーの種類や割合によって決まる．このため，分岐の長さもそろえることができ，特性が従来の低密度ポリエチレンと若干異なるので，区別して扱われることが多い．

　今度は逆に，ポリプロピレンにエチレンを少量添加して重合したらどうなるだろうか．分子の中に組み込まれたエチレンには不斉炭素がないから，立体規則性はない．このため，やはり結晶化度を下げる効果があり，柔軟なポリプロピレンをつくる有力な手法として利用されている．

3.2.3　ポリオレフィンの用途と使い分け

　表 3.2 にポリオレフィンの主要な用途を示したが，実際に市場に出まわっている量をみると，図 3.2 のようになる．フィルムは低密度ポリエチレン，ブロー成形品は高密度ポリエチレン，射出成形品はポリプロピレンが多く使われている．以下でこの理由を考えてみたい．

3章　いろいろなプラスチック

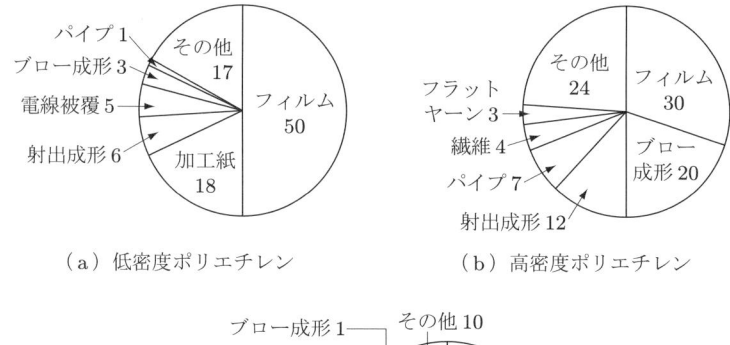

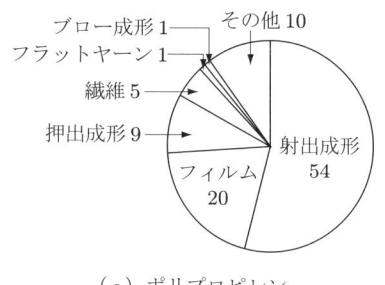

(a) 低密度ポリエチレン
- フィルム 50
- 加工紙 18
- その他 17
- 射出成形 6
- 電線被覆 5
- ブロー成形 3
- パイプ 1

(b) 高密度ポリエチレン
- フィルム 30
- その他 24
- ブロー成形 20
- 射出成形 12
- パイプ 7
- 繊維 4
- フラットヤーン 3

(c) ポリプロピレン
- 射出成形 54
- フィルム 20
- その他 10
- 押出成形 9
- 繊維 5
- フラットヤーン 1
- ブロー成形 1

図3.2　ポリオレフィンの用途構成（％，2010年）

● フィルム

　かつて，フィルムやシートは軟質塩化ビニールの独壇場であった．柔軟で透明，それにたいへん加工しやすい．この分野に，後発の低密度ポリエチレンが参入した．低密度ポリエチレンは，透明性は塩化ビニールより劣る．また，手触りはやや硬い．加工性をみても，塩化ビニール用の加工法が使えず，新しく開発する必要があった．しかし，強度が高いうえ，印刷面や塗面に接触させても塩化ビニールのように汚れることはない．それに，焼却したとき酸性ガスを発生しない．いろいろ問題はあるが，丈夫で薄くすることができ，安価になるというのが最大の魅力であった．フィルム成形は，6章で説明する**インフレーション法**が開発された．製袋に必要な接合技術も，効率の良いヒートシーラーが開発され，ポリエチレンに替わっていった．

　このあとを，さらに強度が高く，薄肉化が可能で安価な高密度ポリエチレンが追いかけている．手触りはさらにごわごわしているが，大量に使われ，安価であることが必要な用途，とくに，重いものが入る大型袋の分野で多く使われ

ている．いまでは買物袋，ゴミ袋などは高密度ポリエチレン製のもののほうが多い．なお，軟質塩化ビニールと特性が似ている低密度ポリエチレン製の袋は，いまだに「ビニール袋」とよばれている．

● ブロー成形品

　ブロー成形品は高密度ポリエチレンの独壇場である．大きいものは乗用車のガソリンタンクから，小さいものは駅弁に付いている魚形をした醬油容器にいたるまで，高密度ポリエチレンが使用されている．この理由は二つある．その第一は加工性である．ブロー成形用材料は，溶融したとき流れにくい（つまり溶融粘度が高い）必要がある．これは 6 章で説明するが，ブロー成形には，**パリソン**という溶融したプラスチックのパイプを空中に押し出す工程がある．このとき，パイプの変形ができるだけ小さいことが望ましいためである．高密度ポリエチレンは分子量を大きくすることができる．また，分岐の力も借りると，溶融粘度が高いブロー成形用の材料をつくることができる．とくに，パリソンが大きくなる大型成形品では，この特性が重要である．

　理由の第二は性能である．ブロー容器はさまざまな液体が入るが，高密度ポリエチレンは酸，アルカリはもちろんのこと，有機薬品にもよく耐える．石油が原料であるにもかかわらず灯油容器に使えるのは，結晶化していて溶解性が抑えられているためである．使用できないのは特殊な有機溶剤や強力な酸化剤くらいである．このため，高密度ポリエチレンは汎用の容器としてたいへん適した材料であるといえる．灯油のポリタンクをみればわかるとおり，大型容器にしても問題のない強さも兼ね備えている．

　ポリエチレン容器の欠点は，不透明なこととガス透過性が大きいことである．デザイン上透明な容器が必要なときや，香りが抜けては困るような用途にはポリエチレン単体では使えない．このような用途には，最近は PET（ポリエチレンテレフタレート）ボトルが使われている．

● 射出成形

　バケツ，ゴミ容器，衣装ケース，台所のザル，ボールなどの調理用品，浴室の洗面器，石鹸置き，それにさまざまな産業用コンテナなどは，いずれもポリプロピレンの射出成形品である．かつてこれらには高密度ポリエチレンが使われていたが，ほとんどがポリプロピレンに替わってしまった．その理由は，性

能とコストの両方でポリプロピレンが優れているためである．まず，性能では，ポリプロピレンのほうが結晶化しやすい分だけ硬くできる．このため，薄肉化が可能である．しかも密度が低く，安価であったため，材料費を節約することができた．価格が安いのは，プロピレンがプラスチックとして大量に使われるまでは，使い道のない成分であったためである．

このような流れのなかでも，高密度ポリエチレンが射出成形品に使われることがある．これは，高密度ポリエチレンは低温特性や衝撃特性が優れており，用途によっては適しているためである．

3.2.4 特殊なポリオレフィン

いままでに説明した材料のほかにも，ポリオレフィンの仲間にはさまざまな特殊材料がある．以下にその代表的なものを紹介する．

● EVA 樹脂

図 3.3 に示すように，ポリエチレンと酢酸ビニールを共重合させると柔軟な材料ができる．酢酸ビニールのみの重合物（ポリ酢酸ビニール）は耐熱性がなく，柔軟で親水性が高く，チューインガムのベースや接着剤に使われている．耐溶剤性も悪く，とても成形用材料には使えない．

そこで，ポリエチレンと共重合して耐熱性，耐溶剤性などを引き上げたのが EVA（エチレン酢酸ビニール共重合体）樹脂である．柔軟性に富むため，ゴムの代替材料として使用されている．また，その鹸化物である EVOH（エチレンビニールアルコール）はガスを透過しにくいため，複合フィルムにして食品包装用に使われている．酸素や炭酸ガス遮断性能が優れており，食品の腐敗を防ぐほか，香りも逃しにくい．

● 超高分子ポリエチレン

高密度ポリエチレンの分子量を極限まで上げた超高分子ポリエチレンは，耐衝撃性，耐摩耗性がきわめて高く，機械部品に使われる．なお，分子量があまりにも大きいため，通常の加工法では加工できず，独特の成形技術が必要である．

● 透明オレフィン

ポリオレフィンは炭素鎖からできているが，一部に図 3.4 のような環状体構

造を導入した材料が注目されている．環状部が入ることにより，結晶性をなくすことができる．その結果，透明度が高くなり，光学部品に使えるようになる．オレフィンなので耐水性が高く，湿度による性能変化がない．

(a) エチレンの重合

(b) 酢酸ビニルの重合

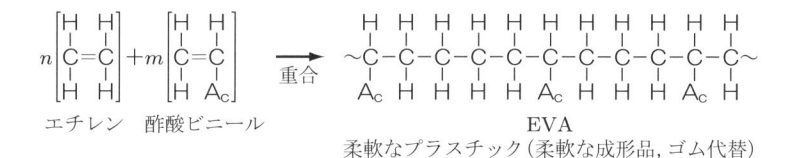

(c) エチレン，酢酸ビニルの共重合

図3.3 酢酸ビニルとポリマー

図3.4 環状体構造

COLUMN 4：対応グレードについて

よく「A社の何番相当の材料」といわれるが，これは要注意である．対応グレードは「似て非なるもの」と思ったほうがよい．もちろん材料メーカーは互換性に配慮し，極力似せてつくっている．しかし，厳密にいうと，プラントが違ったら同じポリマーはつくれない．加えて，添加物が異なる．プラスチックはすでに長い歴史をもっており，製造法が大きく異なることはない．このため，材料メーカーは添加物で競争している．どのメーカーも他社の特許が障害になって使えない添加物が必ずある．

相当グレードでは流動性は合わせてあるといわれている．しかし，これはある測定条件1点だけでの話だ．成形過程ではさまざまな温度，さまざまな流速になるので，成形挙動が同じになるとはかぎらない．性能についても同様である．すべての性能が同じ材料を他社でつくることはできない．

とくに，材料を切り替えようとするときは，成形においても製品の性能においても慎重な確認が必要である．

3.3 スチレン系プラスチック
—— GPPS，HIPS，AS樹脂，ABS樹脂，m-PPE ——

3.3.1 ポリスチレン

スチレン系プラスチックのグループはたいへん大きく，さまざまな材料がある．まず，純ポリスチレンを理解することから始めよう．ポリスチレンの典型的な用途としては，CDやDVDの透明ケースを覚えてほしい．CDはポリカーボネートだが，ケースはほぼ純粋なポリスチレン製だ．透明で光沢があり，硬い．たたいてみると，独特のやや甲高い音がする．ポリスチレンはさまざまな色に着色できるので，有彩色のケースを使っている人もいるかもしれない．硬いので，ディスクを保護する機能が高い．また，成形性が良く，寸法精度の高い成形品を大量・安価につくることができる．このような特徴があるため，磁気・光メディアのケースに適しており，磁気テープ以来使われている．表3.1にはGPPSとして掲載しているが，これはgeneral purpose poly styreneの略称で，「普通のポリスチレン」という意味だ．これは，後で説明するHIPS

と区別するためのよび方である．ポリスチレンは非結晶性であり，化学構造を見ると，図3.5に示すように，ポリエチレンが大きなベンゼン環をぶら下げた構造になっている．側鎖が大きくなると硬くなることはすでに説明したとおりであり，ポリスチレンはプラスチックとしては硬い部類に属する．ポリスチレンの特徴を表3.5にまとめて示したが，外観が美しいこと，成形性が優れていること，電気絶縁性が優れていることなどがある．

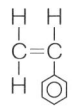

⬡ を A_r と略記する
ベンゼン環（A_r）は水素に比べてきわめて大きい

（a）スチレン

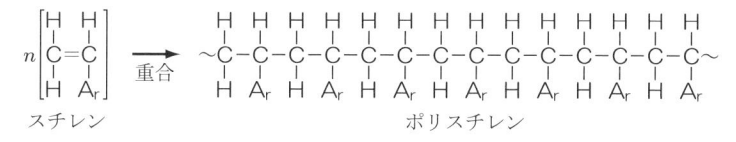

スチレン → 重合 → ポリスチレン

A_r が水分子の運動を規制する → 硬くて透明なプラスチック

（b）スチレンの重合

図3.5 ポリスチレンの分子構造

表3.5 ポリスチレンの特徴

長　所	短　所
透明性が高い 剛性が高い 表面硬度が高い 電気特性が優れている 共重合などによる改質が容易 無機薬品に侵されない 加工性が優れている 比較的安価	もろく割れやすい 有機溶剤に侵される 耐熱性が低い

　ポリスチレンの歴史は古く，1930年代にはすでに実験室で合成されていた．第二次世界大戦では，電気絶縁性が優れていたため，戦略物資として扱われていた．戦後は美しい外観のため，家庭用品として使われるようになり，さまざまなテーブルウェアや文具がつくられた．需要構造は現在も大きな変化がな

く，家庭用品，電気製品に多く使われている．また，発泡技術が開発され，魚箱，食品包装用トレー，包装用緩衝材のような包装資材としても多く使用されている．なお，発泡体は断熱材としても使われており，こちらは包装資材だけでなく，建材としても大量に使われている．表3.6に，スチレン系プラスチックの用途例を材料別，加工法別にまとめておいた．

ポリスチレンは，優れた特徴をもっている反面，欠点もある．つまり，割れやすい，耐熱性が劣る，溶剤に侵されやすいなどである．そこで出てきたのが，各種改良材料である．ポリオレフィンは分子構造を変えて多様化をはかったのに対し，スチレン系は共重合とブレンドが改良手法の中心を占める．

表3.6 スチレン系プラスチックの用途

GPPS	HIPS	AS樹脂	ABS樹脂
透明家庭用品	掃除機ハウジング	ライターガスタンク	電気製品ハウジング
CDケース	エアコンハウジング	電気製品透明カバー	OA機器ハウジング
玩具	OA機器ハウジング	電気製品透明パネル	冷蔵庫内槽
プラモデル	ラジカセハウジング	リモコン送受信窓	各種取手
包装用フィルム	家庭用品	各種機器シャーシ	自動車フロントグリル
食品包装トレー，容器	玩具	くし	自動車ホイールキャップ
荷造り緩衝材	文具	歯ブラシ握り手	
建築用断熱材			

3.3.2 ポリスチレンの仲間

● HIPS，AS樹脂

ポリスチレンの欠点を改良するために，さまざまな手法があみ出されている．これをまとめて書くと，図3.6のようになる．

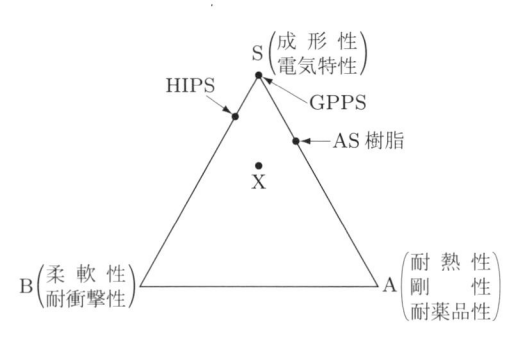

図3.6 スチレン系プラスチックの組成と特性マップ

まず，GPPS の耐衝撃性を改良するのに用いられるのが，ゴム成分の添加である（2.6 節参照）．ゴム成分を数％添加すると強靱になり，多少の衝撃では壊れなくなる．その結果，テレビや掃除機のような大型製品の外装に使えるようになる．この材料は，**HIPS**（high impact poly stylene）といわれている．ゴムの添加により，剛性が落ち，透明性，光沢などの GPPS の良さは失われる．

もう一つの改良方向，すなわち，耐熱性の向上法は，2.4 節で述べたアクリロニトリルとの共重合である．この材料は **AS 樹脂**とよばれ，機械特性，耐薬品性が向上する．AS 樹脂の有名な用途に，簡易ライターのガスボンベ部分がある．ブタンガスを透過せず，侵されることもない．また，ガス圧にも十分耐えている．このように，機械的な性質と透明性が同時に必要な場合，AS 樹脂は大変重宝な材料だ．

ところで，図 3.6 はスチレン系プラスチックを組成面から概観した図である．この図では，正三角形の上方頂点を S としている．この点はスチレン 100％のポリマー，すなわち GPPS である．成形性，表面光沢，電気絶縁性が最も優れている．右下頂点は A としている．これはアクリロニトリル 100％のポリマーであり，耐熱性，耐薬品性，機械的特性が優れている．しかし，この組成は通常の方法では成形が不可能であり，プラスチックとしては使われていない．そして，最後の左下頂点 B に相当するポリマーは，ゴムである．柔軟で耐衝撃性に富むが，軟らかすぎて通常はプラスチックとはよばない．

スチレン系プラスチックの改良は，基本的にはこの三角形の中で行われる．AS 樹脂は辺 AS の上で A 成分を増やしたり減らしたりしながら，耐熱性などの性能と成形性のバランスが調整される．HIPS も辺 SB の上で硬さと耐衝撃性の最適化が検討される．この三角形が示すように，スチレン系のプラスチックには組成の組合せが無限にある．

● ABS 樹脂

ABS 樹脂という高性能なプラスチックがあり，電気製品のハウジングや自動車部品に多く使われている．この材料も図 3.6 で説明することができる．名前の通り，ABS 樹脂は A，B，S の 3 成分をすべて含む．概念的には，GPPS の成形性，光沢，AS 樹脂の耐熱性，機械的性質，HIPS の耐衝撃性を兼ね備えた材料ということになる．ABS 樹脂も B（ゴム）成分をブレンドしている

ため，不透明である．図でいえば，たとえば点Xのような三角形の内側の組成になる．このことから想像できるように，ABS樹脂は硬いものから柔軟なものまで大変種類が多い．

やや専門的になるが，ABS樹脂の光沢について付け加えておく．HIPSは光沢があまりよくない．これは，ゴム成分が添加されているためである．ポリスチレンが固まる前にゴム成分はすでに固まっているため，ゴム粒子近傍では不均一な冷却が起こり，ゴム粒子が浮き出て表面が平滑にならない．ところが，ABS樹脂ではゴムの添加の仕方が異なる．ABS樹脂では，ゴム成分を共重合しABSポリマーをつくったうえで，さらにゴムをブレンドしている．すると，ABS樹脂側（つまり海側）にもBがあるため，後から添加したゴム成分との親和性が高い．このため，ゴム粒子の浮き出しがなく，光沢の優れた表面を得ることができる．なお，ゴム成分を全部共重合してブレンドをしなければ光沢の良いABS樹脂は得られるかもしれないが，衝撃性改良効果が小さい．衝撃性を改良するためには，ある程度以上の大きさのゴムの粒子がより有効である．

以上で説明したとおり，図3.6はGPPS，HIPS，AS樹脂，ABS樹脂の組成と性能の関係をよく説明している．図からわかるように，各材料の境界はあいまいであり，かぎりなくGPPSに近いHIPSとか，AS樹脂に近いABS樹脂などもある．用途も重なっており，あるメーカーではABS樹脂を使っているのに，ほかのメーカーではAS樹脂を採用しているといった部品の例がよくある．もちろん，材料転換もこの図の中で行う分にはそれほど大変でないため，よく行われる．

● m-PPE

つぎに，汎用エンプラのなかのm-PPEもここで説明しておく．

PPE（ポリフェニレンエーテル）は耐熱性が高い材料であるが，通常の方法では成形できない．しかし，ポリスチレンとは親和性が高いため，いろいろな割合で混ぜることができる．しかも，ポリスチレンを混ぜたものはポリスチレンの成形しやすさを反映し，通常の成形法で成形できる．もちろん，耐薬品性や耐熱性は純物に比べれば低下するが，成形材料としては魅力のある話だ．そこでPPEでは，ポリスチレンとブレンドした材料が成形材料として供給されている．ポリスチレンとブレンドすることを変性とよび，材料を「変性

PPE」とか「m-PPE」とよんでいる．m は modified（改良した）の意味である．もちろん，ABS 樹脂とブレンドしても同様の効果がある．表 3.1 に示したように，m-PPE は単一の材料として扱われている．

m-PPE も図 3.6 と同じ方法で整理することができる．アクリロニトリルのかわりに PPE をおけばよい．すると図 3.7 のようになり，m-PPE もこの三角形の中でいろんな材料がつくられている．m-PPE は AS 樹脂よりさらに耐熱性，機械的な性質が優れているうえ，燃えにくい性質がある．このため，電気用の部品でとくに高い難燃性が必要な場合や，高温にさらされる可能性のある部品に使われる．

m-PPE もポリスチレンの仲間であり，用途は ABS 樹脂や AS 樹脂と重なっている．スチレン系プラスチックとしてまとめて覚えておくとよい．

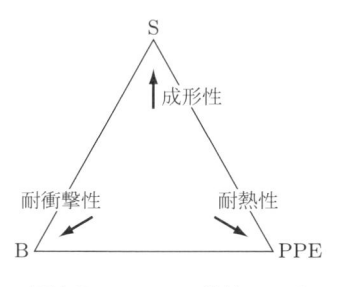

図 3.7　m-PPE の特性マップ

3.4　その他の汎用プラスチック

ここで，再度表 3.1 にもどってほしい．すでに説明したとおり，われわれが日ごろ目にするのは汎用プラスチックと準汎用プラスチックである．そして，ここまで読み進んだあなたは，これらのほとんどをマスターしたことになる．あと残っているのは汎用プラスチックの**塩化ビニール**，準汎用プラスチックの**アクリル樹脂**の 2 種である．最後にこれをマスターしよう．

3.4.1　塩化ビニール

ときどき話題になるのでご存知の方も多いと思う．塩化ビニールの分子構造は，図 3.8 に示すように，ポリエチレンの水素の一つを塩素に置き換えた構造をもっている．塩素は水素の 35 倍も重い．すでに説明したように，側鎖が大

きいプラスチックは硬いので，塩化ビニールも硬いプラスチックに属する．また，塩素はほかの元素と異なり燃えないため，塩化ビニールは燃えにくい．加えて，塩素が分子中に入ると化学的に安定になり，耐光，耐酸，耐アルカリ性などが優れている．その反面，塩素が重いため，塩化ビニールも重く，比重が1.3もある．耐久性が高いことと燃えにくいことを利用して，建材や土木資材に使われている．また，耐薬品性が優れていることを利用して，化学プラントにも多く使われる．工事現場で見かけるグレーのパイプや雨樋は，塩化ビニール製である．

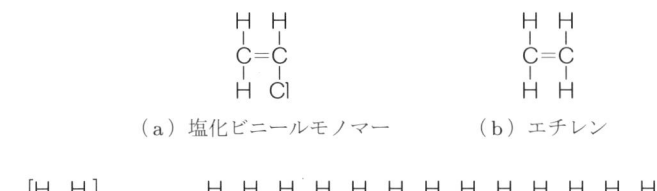

(a) 塩化ビニールモノマー　　(b) エチレン

(c) 塩化ビニールの重合

(塩素は水素に比べてきわめて大きく，分子を動きにくくする)

図3.8　塩化ビニールの分子構造

塩化ビニールには，ほかの材料にない独特の成形法がある．異形押出はその一つであり，さまざまな断面の長尺材がつくられている．断面がC型をしたカーテンレールはその例である．6.1節で詳しく述べるが，溶融させた塩化ビニールをダイスといわれる口金から押し出すと，その形状が崩れにくいという性質があるため，そのまま冷却すれば複雑な形状の断面をもったものが簡単に成形できる．寒冷地用のサッシでは，かなり複雑な形状のものがつくられている．

また，塩化ビニールには優れた可塑剤が多く知られており，硬さを広範囲に変えることができる．可塑剤を大量に添加して軟らかくした塩化ビニールが，軟質塩ビ（軟質塩化ビニール）である．単に「ビニール」といわれている包装用のフィルムや，「塩ビレザー」といわれてルイ・ヴィトンのバッグなどに使われている人工皮革は，すべて可塑剤で軟化した塩化ビニールである．軟質塩

ビのフィルムは農業用にも多数使用されており,「ビニールハウス」の被覆材で使われる塩化ビニールは膨大な量になる. そのほかに,マルチングといってさまざまな目的で地表を覆うフィルムも塩化ビニールフィルムである. 農業用のフィルムは,ほとんどが1シーズンで廃棄されるため,県単位で回収され,ほかの用途に再使用されている.

浮き袋やビーチボールのような軟質空気玩具も,ほとんどが塩化ビニール製である. 塩化ビニールは高周波ミシンという特殊なミシンで加工できるため,ほかのプラスチックが参入できない.

可塑剤に塩化ビニールの微粒子を添加すると,溶液ができる. この液体は**塩ビゾル**とよばれており,ユニークな性質をもっている. 塩ビゾルは加熱すると凝固する(これをゲル化という). この性質を利用すると,炊事手袋や怪獣,人形などの玩具を簡単につくることができる. このほか,フェンスなどの被覆にも使われている.

表3.7に,塩化ビニールの用途をまとめた.

表3.7 塩化ビニールの用途

硬 質	軟 質	ゾル
建築用パイプ	空気玩具	炊事手袋
建築用異形材	バッグ,袋物	玩具(人形,怪獣)
寒冷地用サッシ	家具被覆材	工具握り手被覆
壁紙	電線被覆	金網被覆
フロア材	事務用品	工業用タンク内張り
工業機器	張り合わせ鋼板	
機器ハウジング	農業フィルム	
	包装用フィルム	
	家庭用ラップ	

最近,塩化ビニールが焼却時に有毒ガスを発生することが問題になっている. このうち,酸性雨の原因になっている塩酸ガスについては,わが国のゴミ焼却炉にはすでに除去設備が設置されている. また,都市ゴミの焼却時に猛毒の塩素化合物,ダイオキシンが発生することが問題になった. この問題自体は,炉の改善で解決された. しかし,塩化ビニールを包装材料のようなワンウェイ用途に使うことは避けるべきだという意見が強くなり,包装資材分野での塩化ビニールの使用は大幅に減少している.

3.4.2 アクリル樹脂

表 3.1 の準汎用プラスチックのなかで，最後に残ったアクリル樹脂について述べる．分子構造は図 3.9 に示すように側鎖が大きく，非結晶性の硬い材料である．われわれの身近にあるプラスチックとしては最も透明度が高い．このため，**有機ガラス**とよばれることもあり，ガラス代替材料として広く使われている．アクリル樹脂の用途の概要を，表 3.8 に示した．身近なものでは，食卓上のコップや醤油差し，ハシ立てのようなものに使われている．電気製品では，

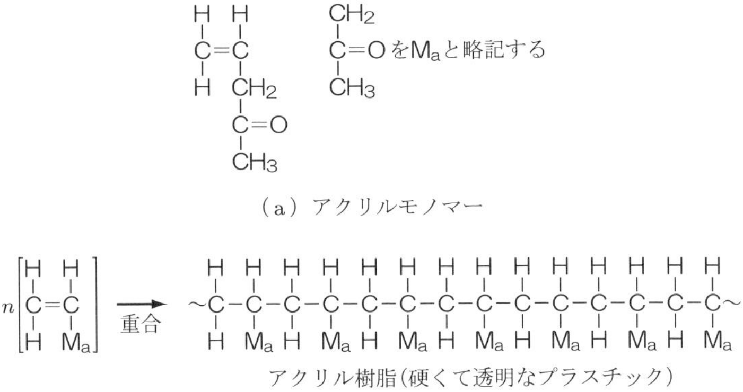

（a）アクリルモノマー

（b）アクリルの重合

図 3.9　アクリル樹脂の分子構造

表 3.8　アクリル樹脂の用途

分野	用途	分野	用途
日用品	食器 文具 装身具，服飾品 眼鏡，虫眼鏡レンズ	自動車	テールランプ メーターカバー 表示ランプ サイドバイザー
電気	照明器具 リモコン窓 メーターカバー 各種ディスプレイ 自販機前面パネル 操作パネル	建材	あかり取り窓 間仕切り ドア
		その他	航空機窓 各種看板 農業用温室 水槽 工作機械カバー

照明器具やパネルに使われる．自動車ではテールランプやメーターカバーなど，光学的な使い方が多い．

また，精密成形が可能となったため，光学機器にも多く使われるケースも多くなってきた．メガネ，ムービー，カメラ，CDピックアップ用のレンズなどに使われている．いずれも高生産性，軽量性が活かされ，安くて軽い製品の実現に大きく寄与している．

アクリル樹脂のほかのプラスチックにない用途として，**シート**と**キャスト**がある．シートは板の形で供給され，看板や水槽に加工される．キャストはシロップといわれる低分子の液状物が供給され，金型の中で高分子化して製品をつくる．花を閉じ込めたブローチは，この方法でつくられたものだ．ブローチのほか，ボタンなどにも使われている．

3.5　汎用プラスチックのまとめ

最後に取りあげた塩化ビニールとアクリル樹脂は，ともに最も古い熱可塑性プラスチックであり，特性にも使い方にも特徴がある．ポリスチレンとこの二つは「側鎖の大きい非結晶性のプラスチック」であることを覚えておくと，特性を理解しやすい．

あらためて表3.1をながめてほしい．これで汎用プラスチック，準汎用プラスチックはすべてマスターできた．台所やスーパーの雑貨売り場，大きな文具店などで目につくプラスチック製品を片っ端から確認してみてほしい．あなたが材質がわからない物や，聞いたことのない材料が使われているということは，まずないはずだ．自信をもってプラスチックの世界に飛び込んでほしい．さらに専門書を読み進むのもよいし，身近なプラスチック製品の材質を片っ端から調べるのもよいであろう．あなたが仕事のなかでプラスチックを扱う機会があれば，いままで得た知識を駆使して思い切って材料を提案してみるのもよい．最後に表3.1をしっかりつかみ，その中に位置付けて考えることをもう一度お勧めする．

COLUMN 5：ポリ袋の話

「ビニール袋」といわれているものの大部分は，ポリエチレン，それも低密度ポリエチレン製の袋である．高密度ポリエチレンの場合もあるが，

これは買物袋とかゴミ袋のように大型のものが多い．手でつかんだとき，チャリチャリ音がするので区別できる．

　ビニール袋といわれているのは，かつて包装用の小袋が軟質塩化ビニールでつくられていたためである．ポリエチレンは透明性では塩化ビニールに劣るが，強くて温度による硬さの変化が少なく安価であったため，急速に普及した．しかし，ビニール袋の名称だけは残っている．「ビニール袋」の表現はすでに日本語として定着しているので，間違っているとはいえないが，使用材料を正確に表現したいときには，「ポリ袋」といって区別したほうがよいと思っている．

　なお，軟質塩化ビニールは透明性と柔軟さが優れているため，包装材料や厚手の書類入れなどでいまでも使われている．注意すれば見分けられるようになる．

　同じものを「ナイロン袋」ということがあるが，これは由来がよくわからない．

3.6　エンジニアリングプラスチック

　エンジニアリングプラスチックの需要量は，汎用プラスチックに比べると1桁少ない．一方，エンジニアリングプラスチックは性能を指向するため，性能競争が繰り広げられている．また，性能指向をするということは成形性が犠牲になることでもあり，成形技術の観点からも興味のある材料である．このため，実際に使用されている以上に研究が行われているし，さまざまな話題が提供される機会が多い．

　したがって，名前は聞くが見たことがないという状態が普通であり，冷静に考えれば，詳しく知らなくてもそんなに困らない材料である．入門の段階で名称や特性を覚える必要はない．場合によっては，本節以下はとばし，必要になったときに読み返すほうが賢明かもしれない．このような観点から，ここではエンジニアリングプラスチックを概観できるツールの提供にとどめたい．

　エンジニアリングプラスチックのなかで使用量の多い，ポリアセタール，ポリアミド，ポリエステル（PET，PBTを含む），ポリカーボネート，m-PPEを5大エンプラとよんでいる．表3.9に，この5種類の特性を整理しておい

3.6 エンジニアリングプラスチック

表 3.9 5 大エンプラの比較

材料名	種類	機械的特性 クリープ	耐熱性	耐薬品性 有機	耐薬品性 無機	吸水性	成形性 流動性	成形性 固化速度	成形性 収縮率	その他の特徴
ポリアセタール	結晶性	○	△	○	×	無	○	◎	大	平滑面耐摩耗性が優れる
ポリアミド	結晶性	○	◎	○	×	有	○	○	大	耐ザラツキ面摩耗性が優れる
ポリエステル	結晶性	○	◎	○	△	無	○	△	大	電気特性
ポリカーボネート	非晶性	×	○	×	△	無	×	×	小	唯一の透明材料
m-PPE	コンパウンド	×	○	×	○	無	×	×	小	電気特性, 多様性

(注) ポリエステルにはPET, PBTを含む.
ポリエステルの固化の△は，結晶化しにくいため結晶化促進策が必要なことを示している.

た．材料は結晶化しやすい順に並べてある．各材料の大まかな特徴，位置付けをつかんでいただきたい．

まず上の三つと下の二つに分けてみるとわかりやすい．前者は結晶性であり，後者は非結晶性である．横の列は，特性を性能と成形性に分けて示している．エンジニアリングプラスチックの場合は性能指向が強いため，性能のほうにばかりに目がいきがちであるが，成形性とのバランスが大切なので，成形性についても取りあげておいた．

まず，機械的特性であるが，物性表に出てくる強度だけ見ていると，正しい選択はできない．これは，ほとんどの用途で耐久性が求められるからである．ここでは，機械的な特性の代表として**クリープ特性**を取りあげている（P.70参照）．**クリープ**とは，長時間力をかけ続けたときに時間とともに変形量が大きくなっていく現象である．ほかの機械的特性で見ても傾向は変わらないが，結晶性プラスチックのほうが優れている．耐有機溶剤性（耐薬品性の有機の欄）も，結晶性のほうが優れている．耐熱性もほぼ同傾向であるが，結晶化度の最も高いポリアセタールがそれほどでもないのは，熱により物性が低下するよりも，材料が劣化するほうが問題になるためである．酸，アルカリなど無機薬品に対する特性は，結晶性というより化学構造のほうの影響が大きい．

成形性では，結晶性エンプラは流動性に優れているが収縮率が大きい．非結晶性はその逆になる．固化速度は，金型から取り出せるようになるまでの時間を想定して示している．結晶性の場合は，冷却の際に奪う必要のある熱量は大きい．非結晶性材料は高温での剛性が低く，固化した後も変形しやすいため，型から出せる時間は非結晶性のほうが遅れてしまう．なお，ポリエステル（PET，PBTなど）は結晶化しにくいため，材料および成形条件で結晶化促進策が必要である．

　このほか，ポリアミドが吸水によって寸法や性能が変化すること，ポリカーボネートが5大エンプラ中で唯一の透明材料であることも覚えておくと便利である．表3.9も，表3.1の延長線上にあることに気づかれたかもしれない．対比させてみてほしい．

　表3.1の右端に**スーパーエンプラ**という列がある．ここにあるプラスチックは，多くが各材料ともメーカーは世界で1社，年産量も1万トンに満たない材料が多く，われわれが出会うことは少ない．化学式をみると，ベンゼン環がずらりとならんで大変複雑な構造をしている．

　準スーパーエンプラ，スーパーエンプラは価格がエンプラに近づき，5大エンプラに次いで使われているPPS，ポリアリレート，ポリサルフォンなどの**透明耐熱材料**と，PEEK，全芳香族エステルなどの**高性能耐熱材料**の3グループに分けることができる．実際に使用する場合は，用途に応じていずれかのグループをまず選び，そのなかで比較検討が行われる．

● **COLUMN 6：ポリアセタールの不思議** ●

　高分子のうち，水溶性のものは成形材料として使うことができない．水溶性の目安は分子中の酸素の存在である．酸素が多いと水溶性が高くなる．たとえば，ポリビニールアルコールは酸素が重量比で約36％と高く，温湯に溶解する．ところが，一連のポリエーテルを調べていくと，表3.10のように，最も酸素割合の高いポリメチレンエーテルの疎水性が最も高い．この高分子はポリアセタールとよばれ，重要なエンジニアリングプラスチックとして広く利用されている．なぜだろう．

　ポリメチレンエーテルは酸素を内側に抱いたコイル状の結晶をしており，表面には水素原子しか出ていないためといわれている．結晶構造が特性に大きく関与する例として興味深い．

表3.10 各種ポリエーテルの特性

名称	化学式	酸素割合	結晶性	親水性
ポリメチレンエーテル	$\text{\textborn}CH_2O\text{\textbarn}_n$	53%	あり	なし
ポリエチレンエーテル	$\text{\textborn}CH_2CH_2O\text{\textbarn}_n$	36%	なし	高
ポリプロピレンエーテル	$\text{\textborn}CH_2CHCH_3O\text{\textbarn}_n$	28%	なし	低

3.7 熱可塑性エラストマー

3.7.1 ゴムとプラスチック

　プラスチックを軟らかくしていくとゴムになるだろうか．答えは「NO」である．用途によっては，EVAや軟質塩ビがゴムの代替をしている場合もあるが，それはごく一部の性能しか要求されないから代替できたのである．ゴムとプラスチックの最も大きな違いは，反発弾性である．ゴムヒモを伸ばして一方の手を離すと，ヒモは勢いよく縮む．このように，変形が瞬時に回復する性質が反発弾性である．プラスチックに応力を加えた場合は，変形回復が遅いし不完全だ．ポリエチレンの袋を丸めて手で強く握ってみてほしい．その後，手を開くと，袋は少しずつもとの形にもどろうとする．しかし，しばらくすると回復は止まってしまい，シワが完全になくなることはない．

　ゴムの反発弾性は，ゴム分子が架橋しているために起こる．ゴム分子のイメージは，図3.10に示すように，隣りどうしの糸状高分子がところどころで化学的に結びついている．この構造を**架橋**という．架橋をすると，熱硬化性プラスチックと同じく，温度を上げても流動しなくなり，成形できない．このため，ゴムは架橋する前に成形して，成形品の状態で架橋反応を行い，反発弾性を付与している．したがって，成形以降の工程が長いうえ，架橋反応という専門技術が必要な工程を抱えている．

　架橋によって反発弾性が付与できる理由は，つぎのように説明されている．図3.11（a）に示すように，架橋点Nと架橋点N′の間Rは柔軟な分子鎖なので，自由に動きまわっている．外力が加わると，図（b）のようにRの部分が引き伸ばされる．しかし，架橋点Nは化学結合なので破壊することはない．したがって，変形は各微小部分に限定されるため，力を抜くとRの部分

がもとの状態にもどり，全体としても完全にもとの形状に復帰することができる．架橋点 N は分子鎖の大幅な変形を規制していると同時に，外力が加わらなくなったとき，形状をもとの形に回復させる仕掛けをつくっている．

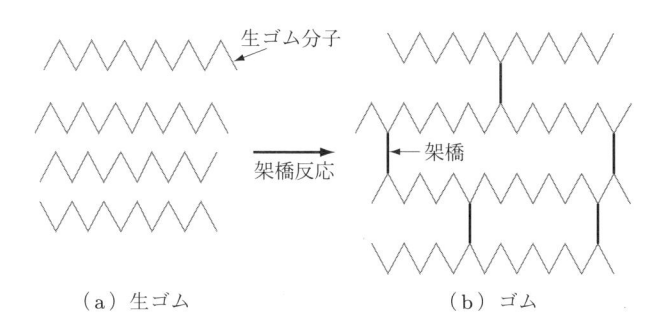

図 3.10　ゴムの架橋構造

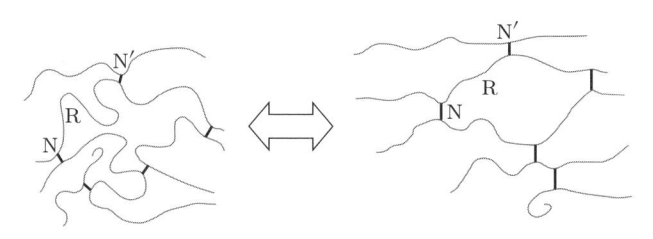

（a）応力が加わっていない状態　　（b）引っ張られ，分子が伸びた状態

架橋している部分は動けない．このため，応力が解放されるとすぐもとにもどる（太線の部分が架橋点）．

図 3.11　ゴムの架橋構造と反発弾性

3.7.2　ゴムのようなプラスチック

　ゴムの架橋操作をなくせないだろうか．合成技術が進歩し，精密に分子構造が制御できるようになり，通常のプラスチックと同じ成形法を用いるだけで，反発弾性の優れた成形品を得られるようになった．この方法だと架橋工程が不要になるため，とくに大量生産が必要な自動車や電気製品の部品で広く実用化されている．これらの材料のことを**熱可塑性エラストマー**といい，従来のゴムやプラスチックと区別している．熱可塑性エラストマーには，汎用プラスチックに相当するものから耐熱性の高いものまでさまざまな種類のものがある．

3.7 熱可塑性エラストマー

熱可塑性エラストマーが高い反発弾性をもつ原理は，**疑似架橋**とよばれている．疑似架橋にはブロック共重合が使われる．共重合については，すでに2.3節で述べた．通常の共重合は，図3.12（a）のような**ランダム共重合**である．AS樹脂のように両ポリマーの中間の性能を出そうとするときは，両モノマーがランダムに配列していたほうがむしろ好ましい．

~A−A−B−A−B−B−B−A−A−B−B−B−A~
（a）ランダム共重合

~A−A−A−A−A−B−B−B−B−B−B−B−B~
（b）ブロック共重合

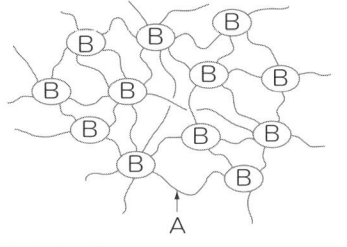

（c）熱可塑性エラストマーの構造

図3.12 熱可塑性エラストマーの構造

ところが，熱可塑性エラストマーでは図（b）のような**ブロック共重合**を行う．しかも，モノマーAとモノマーBはできるだけ性質が違い，相溶性の低い組合せが好ましい．モノマーのうち**ソフトセグメント**（図中のA）とよばれる部分は，柔軟で自由に動きまわれる分子鎖（たとえばオレフィン）が使われる．Bに相当する副成分は**ハードセグメント**とよばれるが，これは機械的特性が硬いという意味ではない．しかし，Aより軟化温度（結晶性の場合は融点）が高い必要がある（固化温度も高くなる）．このようなポリマーは架橋しているわけではないから，少なくともBが十分溶ける温度に加熱すれば，完全に溶融する．溶融したプラスチックを金型に入れて冷却すると，まず，固化温度の高いB部分が固まる．このとき，A部分ははまだ自由に動きまわっているから，Bに抱き込まれることはなく，固化はほかの分子のB部分を引き込んでB成分のみが集まって起こる．この状態では，まだB部分が集まっている固体の部分が液体のAの中に散らばっている状態である．さらに冷却が進むと，今度はA部分が固まり，図3.12（c）のような構造の成形品ができあがる．このようにしてできた成形品は，主成分であるソフトセグメント（A部分）が柔軟なため，自由に変形できる．ハードセグメント（B部分）は分子のところどころにあり，ソフトセグメント（A部分）を束ねたような形になっ

ている.

　この成形品を引っ張ると，図3.13（b）のようにA部分が主成分であるからよく伸びるが，常温ではB部分の結合がはずれることはない．このため，B部分はゴムの架橋のようなはたらきをし，分子鎖が自由に変形するのを規制している．そこで，応力を取り去るともとの安定な形である図3.13（a）のような構造にもどろうとする．このように，ハードセグメントがゴムの架橋のようにはたらくため，疑似架橋といわれている．

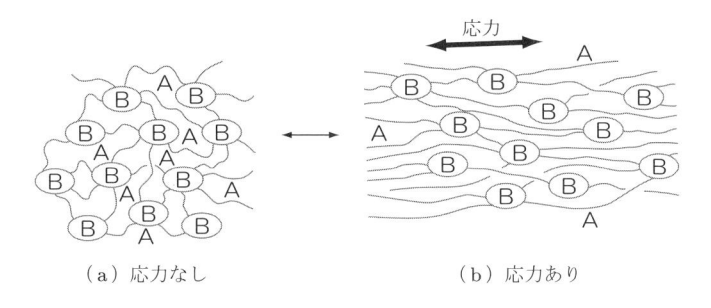

（a）応力なし　　　　　　（b）応力あり

図3.13　疑似架橋による反発弾性

　さまざまな種類の熱可塑性エラストマーがつくられている．その違いの第一は，ハードセグメントの耐熱性である．ゴムと違って，ハードセグメントが軟化すると反発弾性を失ってしまうため，選択にあたっては重要なポイントである．第二はソフトセグメントの長さであり，長いほど軟らかくなる．

　熱可塑性エラストマーの種類は，ハードセグメントの種類でよばれる．エステル系エラストマーとかウレタン系エラストマーというのはその例である．

　なお，熱可塑性エラストマーは耐熱性，耐クリープ性，硬さの調整範囲などが従来のゴムより劣るので，従来のゴムがなくなることはない．

COLUMN 7：プラスチック廃棄物

　資源問題や環境問題への関心の高まり，リサイクル法の整備などにより，廃プラスチックの有効利用が進んでいる．

　日本では，毎年900万トンのプラスチック廃棄物が出る．廃棄物には都市ゴミ系と産業廃棄物系とがあるが，プラスチックの場合は半々だ．このうち，60％程度が燃料として利用されている．利用の形態はさまざまであり，発電，製鉄，セメント生産などへ広がりをみせている．

プラスチック材料のまま再利用されるのは，産業系で15％程度，都市ゴミ系で30％になっている．都市ゴミ系が健闘しているのは，PETボトルの回収率の向上，廃棄家電，事務機，バンパーなどの再利用の取り組みが進んでいるためだ．

　都市ゴミ系では，PETボトルの回収率が80％程度と世界最高水準になっており，ほとんどが成形材料や繊維原料として再利用されている．産業系では，梱包に使った発泡スチレンの回収率が90％程度であり，そのうち60％程度が成形材料として再利用されている．

4 プラスチックの特性と製品設計法

設計のベテランでも，プラスチック製品を設計しようとすると途方に暮れることがある．プラスチックは，金属や木材といった従来からある材料とは異なった挙動を示すうえ，歴史が浅くデータや設計手法が整備できていないためだ．
そこで本章では，プラスチックは従来の材料と"何が"違うのかを，まずハッキリさせ，そのうえで，設計上の留意点，実際の進め方を解説する．

4.1 プラスチックの特性

4.1.1 変形挙動

プラスチックは歴史的には新しい材料であり，従来からある金属，木材，陶磁器などにはないユニークな特性をもっている．このため，プラスチックを使った構造体を既存の方法で設計しようとすると，いろんな問題が出てくる．なぜなら，既存の構造体設計法は剛性が高く，完全な弾性体の材料を前提とした材料力学をベースにして構築されているからである．ちなみに，構造設計に使われている材料力学は，つぎのような材料を前提としている．

① 応力に比例して歪みが生じる（フックの法則）
② 応力を取り除くと歪みは完全に回復する
③ この性質には再現性がある．また，長時間応力を加え続けても歪みは変化しない
④ 通常の使用範囲であれば温度の影響は受けない

> **フックの法則**
> $$E = \frac{\sigma}{\varepsilon}$$
> E：弾性係数（MPa），σ：応力（MPa），ε：歪み（％）

従来では，構造体には鋼を中心とする金属が使われていたため，このような前提が成り立っていた．プラスチックではこれらの前提が成り立たない．

4.1 プラスチックの特性

図 4.1 の曲線 B は，鋼の引張挙動の例である．ほとんどの領域で，**応力と歪み**が比例している．曲線 A はプラスチックの引張挙動の例である．微小な部分をとっても比例する部分はなく，**弾性係数**が絶えず変化している．このため，たとえば，**応力**と**弾性係数**から**フックの法則**を用いて**変位量**を算出することはよく行われているが，プラスチックでは弾性係数自体が定まらないので正確にはできない．JIS などの規格では，**弾性率**は応力ゼロの部分での**変形率**（図で点線の勾配に相当する）で示すと定義している．このため，弾性率は最も大きい弾性係数が示され，これからフックの法則で求めた変形量は必ず実際より小さくなる．

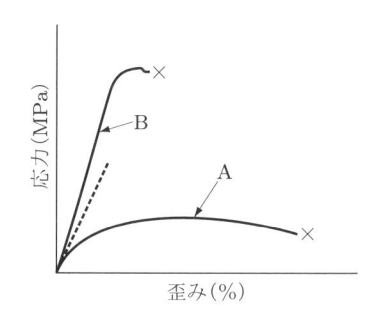

図 4.1　応力と歪みの関係

強度も金属とは意味が異なる．鉄鋼の場合は，**破断点**（すなわち最大値）が弾性変形限界の直後に現れるが，プラスチックの場合は，図 4.2 に示すようにさまざまな**変形挙動**をとる．したがって，金属の場合は破断点でもフックの法則がほぼ成立するが，プラスチックではこれが成り立たない．それのみではない．引張強さは最大値で表示されるケースが多く，図 4.2 の点 X のような，あまり意味のない点での強さが材料物性として提供されていることがある．

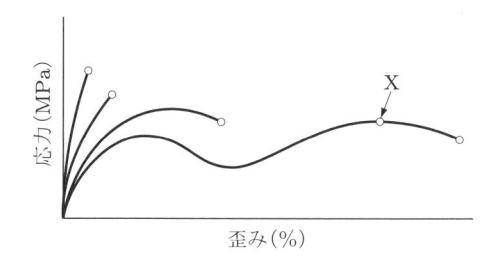

図 4.2　いろいろな引張挙動

4.1.2 温度特性

プラスチックは温度の影響を受けやすい．溶融前でも変形拳動が変化する．図 4.3 は，融点が 250 ℃と比較的耐熱性の高いポリアミドの曲げ弾性率の温度特性であるが，たとえば，温度が 80 ℃になると，弾性率が常温（20 ℃）の 1/3 くらいになってしまう．なお，この図で 40 ℃付近での変化が大きいのは，この付近で非結晶部分の分子運動が急に活発になるためと説明されている．プラスチックの商品を開発する場合は，温度が上がったときにどうなるかを絶えず考えておく必要がある．

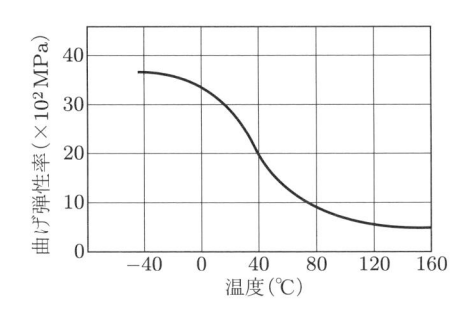

図 4.3 ポリアミドの曲げ弾性率

4.1.3 クリープと疲労

図 4.4 は，プラスチックに一定応力（σ）を加え続けた場合の歪み（ε）の変化を示したものである．たとえば，15 MPa の応力を 1000 時間かけておくと，歪みは初期の 2 倍程度になる．このように，応力を加え続けるとヘタリがでる．この性質を，**クリープ**とよんでいる．クリープは，分子間にずれが起こることが原因と考えられるので，分子間の拘束が小さい非結晶性プラスチックで起こりやすく，結晶性プラスチックでは小さい．また，温度が高くなるほど大きくなる．

長期特性では，**疲労**も問題になる．これは，1 回だけの負荷では破壊しない応力でも，何回か加えると壊れてしまうという性質である．たとえば，ポリアミドでは，破断強さの半分の応力でも 10 万回加えれば壊れてしまうことを意味している．10 万回というとすごい回数のように思えるが，普通のモータでも毎分 1400 回，エンジンでは 3000 回程度で回転しているので，連続運転する機械では，とくに重要な問題である．

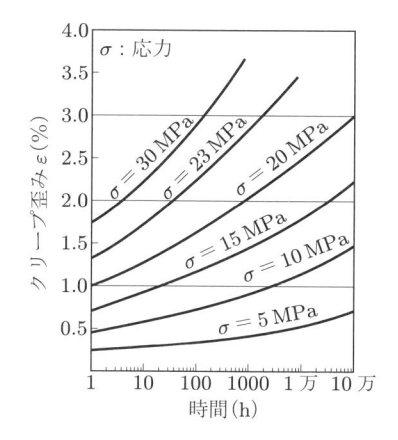

図 4.4　クリープの例（ポリアセタール）

4.1.4　その他

　そのほかにも，プラスチックは使われる**環境**によっても影響を受ける．影響の受け方は材料によって大きく異なる．まず，屋外で使用する場合の**耐候性**は，程度の差こそあれ，どのプラスチックでも問題になる．屋外で使用されている商品には，**耐候剤**が添加されていると考えられる．水に対しては，通常は問題はないが，ポリアミドとアクリル樹脂はわずかであるが湿度の影響を受けて寸法が変化する．これらの材料を湿度の高い環境で使用する場合には，膨張しても問題が起こらないような設計をする必要がある．

　耐薬品性については，非結晶性の材料は有機溶剤に弱い．耐薬品性は材料によって差があるので，実際に使う場合は詳細な検討が必要になる．このほか，留意すべき薬品と材料の関係を表 4.1 に示しておいた．

　プラスチックの物性測定法は，JIS などで規定されている．ただし，この規定は設計データの採取を目的としていないため，しばしば誤解を生む．以下では，メーカーから提供される物性データで誤解を起こしそうな項目を簡単に説明する．

表4.1 留意を要する薬品

プラスチックの種類	薬品名	留意する点
ポリエチレン	非イオン界面活性剤	ポリエチレンの種類，界面活性剤の種類によってはクラックが発生する
ポリスチレンなど非結晶性プラスチック	油類，有機溶剤，界面活性剤	溶解，膨潤，クラックが発生する
ポリアミド	酸	溶解，劣化が起こる
ポリカーボネート	アルカリ	クラック発生，劣化が起こる
PET，PBT	アルカリ	クラック発生，劣化が起こる
ポリアセタール	酸，酸化剤	クラックが発生する

● **曲げ試験**

　曲げ試験は，図4.5に示すように，自由支持ハリの中央を押さえる強度測定法である．測定値は，図4.6に示すように，**最大（引張）応力**に換算されて表示される．ただし，変形が大きくなると**圧縮抵抗**のほうが**引張抵抗**より大きくなり，中立点が圧縮側にずれ，引張強さより大きめの値になる．また，プラスチックはいくら変形させても破断にいたらない場合もあり，この場合は最大応力が記録される．最大応力がどこで出現するかわからないのは，引張試験の場合と同じである．いずれにせよ，**曲げ強さ**，**曲げ弾性率**は材料の相対比較をするには有効であるが，設計データにはなり得ない．

　同様のことが，**圧縮試験**についてもいえる．試験片を圧縮すると，試験片がつぶれてどんどん断面積が増え，いくら荷重を増しても破壊しないことが多い．すると，**圧縮強さ**をどこにするのが妥当か判定しにくい．このような場合は，所定の変形率に対応する応力を圧縮強さとしている．このため，圧縮強さ

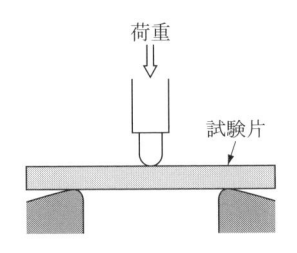

図4.5 曲げ試験法

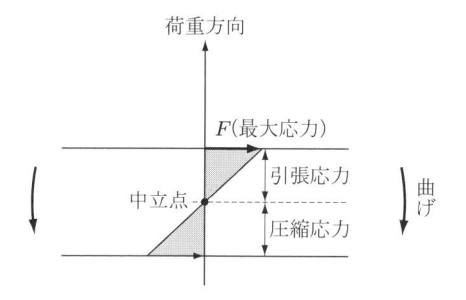

図4.6 曲げ試験片内の応力分布

がどこのデータを採用しているかを見ないで単純比較をすると，間違った結果が出てしまう．圧縮強さも，強度計算などに使うことはない．

● 衝撃試験

衝撃試験は，**アイゾット試験法**のデータが提供されることが多い．この試験は，図4.7に示すように，**ノッチ**の入った試験片を高速でせん断破壊し，そこで消費されるエネルギーを表示することになっている．試験結果は，われわれの感覚と異なることがある．これは，アイゾット試験の結果にノッチの感度と高速せん断応力の二つの要因が絡んでいるためである．ノッチ感度の似ている同一材料どうしでの比較程度には使えるが，材料間の比較には使いにくい．

（a）アイゾット試験片　　（b）アイゾット試験

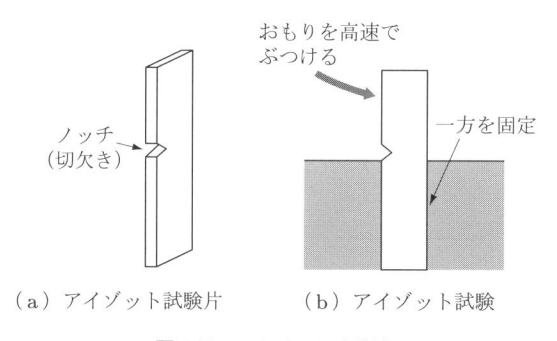

図4.7 アイゾット試験法

● 熱変形温度

熱変形温度という値がカタログなどに記載されている．この値は，図4.8に示すように，ハリの中央に荷重をかけ，温度を少しずつ上げていき，変形が所

定量に達したときの温度を記録することになっている．実際の商品が高温で使用される場合は，荷重がかかっていない場合もあるし，試験法で規定されている以上の荷重が加わっている場合もある．使用時の許容変形量は，大きい場合も，ほとんど許されない場合もある．したがってこの値も，実用的にこの温度まで使えることを示しているわけではない．

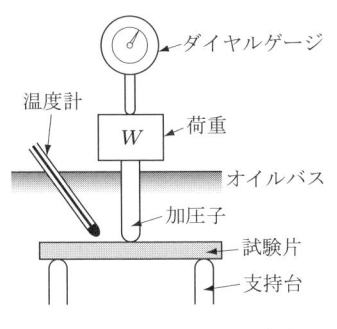

図 4.8 熱変形温度の測定法

● ロックウェル硬さ

硬さでは，**ロックウェル硬さ**がよく使われる．この試験法は，鋼球を試験片に押しつけ，圧痕を見るという測定法である．弾性回復のよい材料では圧痕はほとんど残らないため，圧痕が残るほど硬い材料ということになる．このデータを材料間の比較に使うと，先ほど述べたように，弾性回復のよいエラストマーのような材料を硬い材料とみなしてしまう危険がある．

● テーバー摩耗試験

摩耗性能は，**テーバー摩耗試験**のデータが記載される場合が多い．この試験は，砥石で試験片の表面をこすって重量減少をみる．したがって，砂をゴシゴシこすりつけるような用途ではよい相関が得られるが，歯車や軸受けのように平滑面どうしの摩耗とは異なった現象である．可動部をスベリ摩擦で構成している機械部品などでの摩耗性の指針にはならない．

このように，プラスチックの性能測定は材料比較のために規格化されたものである．カタログなどに記載されている物性データを利用するときは，どんな測定法を用いているかを知っていたほうがよい．

4.2 プラスチック製品の設計法

4.2.1 材料力学の適用と限界

前述したように，厳密にみるとプラスチックには既存の材料力学は適用できない．しかし，通常の構造体では，変形量が数％以上にもなることはない．したがって，変形挙動を比例的に扱ってもそんなに大きなはずれ方はしない．負荷が加わったとき，どの程度の変形が生じるかをおおよそつかむ程度なら，通常の力学計算は有用である．ただし，あくまで近似計算である．

この誤差を排除するために，さまざまな工夫がなされている．過去の経験を活用し，材料データ用いて，実用性のある力学計算をしようとしているのである．これらの努力は公表されておらず，一般化されていない．主要なアプローチの考え方を以下に示す．

用途に応じて，設計上の強度限度を物性表の破断強さの 20％とか 30％とみなす

安全率に似た考え方であり，簡単ではあるが，商品によっては衝撃的な力が加わったり，高温になる場合があり，係数の決め方がむずかしい．1/3 程度にしているケースが多いように見受けられるが，とくに根拠があるわけではない．これは，この程度で計算をしておけば事故が起こらなかったという経験則である．

使用時の最大たわみ量を想定し，この時点の応力と歪みの関係から計算用の弾性を算出する

この弾性率は，**セカント弾性率**といわれている．この場合，どの最大たわみ量をどうとるかが問題になる．これも商品によって柔構造のもの，剛構造ものがあるため，一概にはいえないが，最大たわみ量を 1％や 2％などで抑えているケースが多いようである．なお，1％以下であれば直線性が高く，計算誤差は小さいといわれている．3％以上に設定しているケースは少ない（図 4.9 参照）．

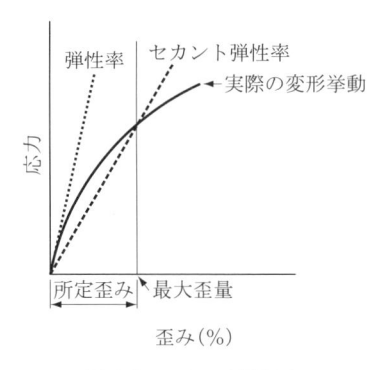

図4.9 セカント弾性率

> 商品の最高使用温度の物性データを用いる

　屋内で使用する商品であれば40℃程度，自動車部品なら80℃，輸出商品で輸送中の変質が懸念される場合は60℃程度に設定されることが多いので，強度限界，弾性係数とも，この温度に相当するものを使用することになる．
　この方式も，商品の特性を考え，高温になったときに最大負荷がかかるのかどうかを見きわめないと，無駄な設計をすることになってしまう．

　このように，プラスチック製品の設計技術はまだ完成されておらず，既存の材料力学を借用しながら過去の実例を参考にして商品を開発しているのが実情である．残念ながら，机上計算をすればぴったりの商品ができるというレベルには到達していない．したがって，過去の経験が豊富な商品を除いて，試作が必須であり，試作品を実際に動かしてみて，不具合を直しながら商品を立ちあげているのが実情である．大切なことは，試作はデータ取りの貴重なチャンスなので，データがつぎの商品に活きるようにすることである．

4.2.2　形状設計

　プラスチックには，力学的な設計のほかに，独自の**形状設計**がある．これはプラスチックの特性を考慮し，機能を十分発揮させるために必要なことである．ここでは，最も多い射出成形品について，デザイン上の留意点をいくつか例示する．

4.2 プラスチック製品の設計法

● コーナー

成形品のコーナーは，図 4.10 に示すように，できるだけシャープエッジ，シャープコーナーをつくらないようにする．エッジの面取りは，成形品を素手で扱うときの刺激を緩和する効果もある．小さくてもコーナーに R がついていると，使用中に応力集中が避けられ，実用強度が向上する．成形時には，突起側では冷却速度の抑制，凹面側では冷却遅れを緩和し，冷却挙動を均等化する効果があり，冷却時に発生する残留応力を緩和できる．

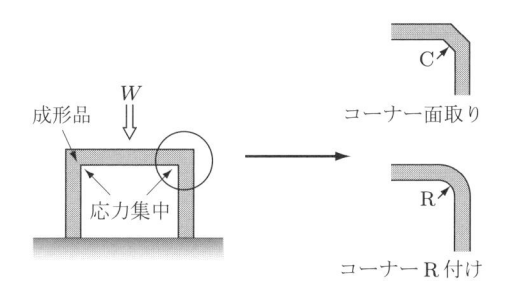

図 4.10 成形品コーナーの応力分散デザイン

● 均肉化

成形品の肉厚は，できるだけ一定であることが望ましい．これは，冷却を均一にして残留応力を減少させるためである．肉厚の異なる部分があると，収縮率が異なるため，成形品形状が歪むこともある．強度的な理由から，ある部分に肉盛りが必要な場合は，図 4.11 に示すような**リブ構造**にするとよい．リブ

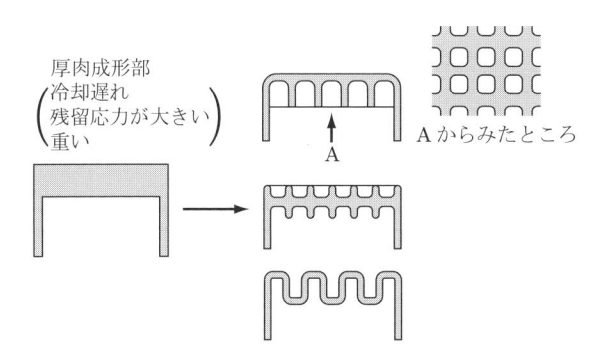

図 4.11 成形品のリブによる軽量化

構造は材料使用量をあまり増やさないで補強が可能である．しかも，冷却速度の遅れも少ない．

● 型抜きへの配慮

　成形したものを金型から取り出すときのことも配慮する必要がある．金型から抜けないような形状では，成形しても取り出せない．また，図 4.12 に示すように，開口部が型抜き方向に広がっていると離型しやすい．このことを，**抜き勾配**という．勾配は大きければ大きいほど離型は楽になるが，実際には，デザイン上の制約があって十分取れないことが多い．どのくらい必要かは，金型形式，材料の種類によって異なる．一般に，抜き勾配（図中の α）は 1° 程度以上は必要である．型抜き抵抗は，金型の表面状態によっても異なり，深い梨地や突き出し方向と直角方向のヘアライン仕上げになっていると，突き出し抵抗が大きい．凹凸が大きいと突き出し時に表面をこすり，成形品を白化させてしまうこともある．このように，型から取り出しやすくすることは，生産性を向上させるのみでなく，成形品表面の仕上がりにも影響を与える．

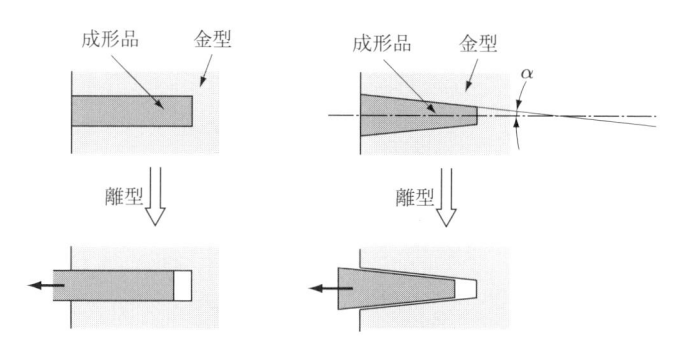

（a）抜き勾配なし　　接触し続ける → 離型抵抗大

（b）抜き勾配あり　　型からすぐ離れる → 離型抵抗小

図 4.12　抜き勾配

● その他

　良い成形品にするための形状的な工夫は，まだまだある．表 4.2 に主なものをあげておく．

表4.2 形状設計上の留意点

項　目		留意すべき点
コーナー		・成形品のコーナー部は丸みを付ける．とくに，応力が加わるときは重要 ・丸み付けにより使用時の応力集中が緩和されるほか，成形時の溶融プラスチックのスムーズな流動，より均一な冷却がはかれる
均肉化		・成形品の肉厚は極力均一にする ・均肉化により冷却ムラが抑えられ，寸法の安定化，残留応力の減少がはかれる
型抜きへの配慮	抜き勾配	・型抜き方向に傾斜を付け，成形品を型から取り出しやすくする
	アンダーカット	・型抜き方向に成形品の離型を損なう部分がない形状にする
パーティングライン		・型合せ部分が成形品の意匠面に出ないようにする
突き出し		・離型に配慮した構造にし，突き出しピンが意匠面にこないようにする
ゲート位置		・溶融プラスチックが均一に流れる位置ゲートを設ける ・ゲートは意匠面を避けて設ける
ウエルド （溶融プラスチック合流部）		・応力の大きい部分にこないようにする ・意匠部をできるだけ避ける
リブ		・リブの裏側が意匠面の場合は，ヒケの目立たない表面意匠にする

　形状設計はノウハウの部分が多い．是非実物をたくさん見て，先輩があみだしたさまざまな工夫を発見してほしい．

> **COLUMN 8：不思議な計算**
>
> 　フックの法則は「変形量（ε）は応力（σ）に比例する」というものであり，そのときの比例係数（E）を弾性係数という．
> 　すなわち，
> $$\sigma = E \cdot \varepsilon$$
> である．
> 　いま，表のような材料カタログがあったとしよう．この表から破断伸び

時の応力を求めてみよう．破断時の変形は引張破断伸びであるから，60％と読める．弾性係数は曲げ弾性率として出ているものを利用しよう．

すると，

$$\sigma = 2600 \times 0.6$$

となり，

$$\sigma = 1560 \text{ MPa}$$

と，きわめて大きな値になってしまう．実際には，表4.3にもあるとおり，60 MPa 程度と推定され，2桁も大きな誤差がでてしまう．誤差の原因は，プラスチックでは応力と変形が比例しないためである．力学計算のとき，このことを忘れるとたいへんなことになる．

表4.3　材料物性表の例（ポリアセタール）

項　目	物性値
引張強さ	60 MPa
引張破断伸び	60％
曲げ強さ	90 MPa
曲げ弾性率	2600 MPa

5 用途の広がり

プラスチックは種類が多く，材料を選ぶのはたいへんな作業である．幸い，われわれの身近にはたくさんの事例がある．これらに注目すると，意外なヒントが得られることがある．用途を知っていると，使われている材料の特性を多面的に理解できるからである．このような観点から，本章では，まず，電気製品や自動車，家庭用品などの主要な用途で，どのような材料が使われているかを概観してみる．
そして，実際に製品をつくるうえでの材料選定の進め方を解説する．

5.1 さまざまな用途

5.1.1 プラスチック時代

　文明を，使用された道具の材質に注目して分ける時代区分法がある．これによると，人類が最初に使用した道具は石なので，この時代は石器時代とよばれている．この時代の生産活動は採取，狩猟が中心であった．

　つぎに金属の時代に入る．金属が使われ始めると，技術を保有する民族と保有しない民族との間に，戦力，生産力で大きな格差が生じた．金属の時代も最初は青銅器時代であるから，鉄に比べれば軟らかく，道具としては限界があった．それでも画期的なことであり，武器や貨幣，あるいは銅鐸のような祭器，装身具などに使用され，国家形成の重要な道具になった．

　鉄の歴史は古いが，安価に提供されるようになったのは産業革命以降である．これが船舶，建築，各種産業機械に使用できるようになり，人類の生産性は飛躍的に向上し，近代化が進んだ．したがって，現在は鉄器時代に位置付けられている．

　しかし，鉄のかたまりと思われている乗用車でも，鉄が使われているのは構造部分のみである．運転席に座ってみると，目に入ってくるもの，手に触れるものは窓ガラスを除けばほとんどがプラスチックである．ハンドル，スイッチ類，座席，ダッシュボード，ドアや天井の内装材と数えあげればきりがない．こうしてみると，いまやプラスチックが鉄をしりぞけ，人間に最も身近な材料になったような気がする．

自動車の例をあげるまでもなく，プラスチックは金属より人間に近いところで多く使われている．このため，われわれはプラスチックに囲まれて生活しており，いまや「プラスチック時代」といっても過言ではなくなった．

本章では，プラスチックの用途について述べる．表5.1 に，主な用途と要求特性，そこで使われているプラスチックの種類をまとめてみた．もちろん，プラスチックの用途はきわめて広範なため，すべてを網羅することは不可能である．

表5.1 プラスチックの主な用途

用途		要求特性	主な材料
電気製品	ハウジング	外観, 強度, 耐衝撃性, 帯電防止, 塗装性, [難燃性]	HIPS, PP, PC
	機構部品	強度, [耐熱性, 耐摩耗性]	PA, POM, ABS, PP
	絶縁材料	電気特性, 耐熱性（ハンダ対応), 難燃性	PA, PBT, m-PPE
自動車部品	外装	耐候性, 耐衝撃性, 表面装飾性	ABS, PP, MMA
	内装	外観, 耐熱性, 耐衝撃性	PP, PVC, ABS
	機構部品	強度, 耐熱性, 耐衝撃性, [耐薬品性, 耐摩耗性]	PP, PA, POM
包装材料	個装	外観, 加工性, 強度, [ストレッチ性, シュリンク性]	PE, PP, PVC, PET
	食品包装	衛生性, ガスバリア性, 加工性, [耐熱性]	PE, EVOH, PP, PVC
	搬送資材	強度, 耐衝撃性, 耐候性, 耐水性	PP, HDPE
産業資材	OA機器	強度, 外観, 難燃性, 帯電防止, [光学特性]	ABS, PC, HIPS, MMA
	機械部品	強度, 寸法安定性, 耐摩耗性, [耐熱性]	POM, PA, PC, ABS
	土木建材	難燃性, 耐候性, [断熱性, 遮音性, 耐水性]	PVC, PP, PE, MMA
	農水資材	強度, 耐候性, 耐農薬性, 易焼却性, 光透過特性	PVC, PP, HDPE
家庭用品	台所風呂用品	耐水性, 耐洗浄剤性, 防汚染性, 衛生性	HDPE, PP, HIPS
	住空間用品	外観, 強度, 帯電防止	PP, HDPE, PVC
	テーブルウェア	外観, 耐擦傷性, 食品衛生性	MMA, GPPS, PC

(注) ＊材料略号
MMA：アクリル樹脂，PA：ポリアミド，PC：ポリカーボネート，PE：ポリエチレン，POM：ポリアセタール，PP：ポリプロピレン，PVC：塩化ビニール，EVOH：エチレンビニールアルコール （ほかは本文参照）
＊要求性能の内［　］内は一部用途で要求される特性

5.1.2 電気製品

1章で述べたように，わが国のプラスチック産業は家庭電化に合わせて成長してきた．このため，電気製品はプラスチックの高度な使い方であり，ほかの分野でも参考になる．

まず，大型製品からあげると，テレビの外装にはHIPSなどのスチレン系の材料が使われている．画面の大型化が進んでいるため，デザイン，成形技術の革新が続いている．難燃グレードが使われるが，最近は難燃剤もより安全なものが指向されている．洗濯機も，急速にプラスチック化が進んだ．操作パネルのアクリル樹脂やABS樹脂を除けば，ほとんどがポリプロピレンである．内槽は脱水時に遠心力が加わるため，無機フィラー強化グレードが使用されている．冷蔵庫は内箱がかなり古い時期にプラスチック化された．ABS樹脂のシートを熱成形（6.2節参照）したものが使用されている．最近は小型機種を中心に天板，ドア外板のプラスチック化も進んでいる．エアコンもプラスチック化が進み，ABS樹脂，HIPSが使われている．室内機は外観が重視され，塗装や印刷が施されることもある．掃除機は比較的多くの材料が使われている例であり，ABS樹脂，HIPS，ポリプロピレン製のものを見かける．照明器具には光学特性の優れたアクリル樹脂が使用されている．

音楽プレーヤーやラジオなどの音響機器のハウジングには，HIPSなどのスチレン系の材料が使われている．高温になる部分や，荷重が加わるような部分にはABS樹脂やポリカーボネート／ABSアロイ，あるいはm-PPEが選ばれる．最近増えた携帯用機器では，耐衝撃性が要求されるため，ポリカーボネート／ABSアロイが採用される．電気用品では，安全性の観点から，難燃性が求められることが多い．そのような場合は，難燃剤を添加した材料が使われる．

オーディオ・VTRカセットなどの磁気テープは，PETフィルムに磁性体を塗布したものだ．カセット本体にはポリスチレンが使われている．DVD，CDなどの光ディスクには，透明で耐熱性が高いポリカーボネートが使われている．

プリント基板やコネクタなどの配線部品には，熱硬化性プラスチックが多く使われている．コネクタやコイルなどでは，成形性から熱可塑性プラスチックへの移行が進んでおり，ポリアミド，PBT，m-PPEなどのフィラー強化グレードが使われている．ハンダ付けが必要な場合は，とくに耐熱性の高い材料

が選ばれる．

　CDやDVDプレーヤーなどの駆動部には，ポリアセタール部品が多数使われている．これらの機器は，微少量を正確に動く必要がある．また，周囲への汚染を嫌うため，油潤滑ができない．このため，無潤滑でも摩擦係数が小さく，耐摩耗性の高い潤滑剤を添加したポリアセタールが選択される．

5.1.3 自動車部品
● **自動車部品の特徴**

　乗用車1台には，約100 kgのプラスチックが使われている．そのなかでも，ポリプロピレンが最も多い．

　自動車用プラスチックには，つぎのような特徴がある．
① 欠陥が人命事故につながりかねないため，綿密な信頼性の検討が行われる．とくに，振動，疲労，サーマルショック試験*が重視される
② エンジンなどの高温部があり，耐熱性が求められる部品が多い
③ 屋外で使用されるため，耐候性が要求される部品が多い
④ ガソリン，各種潤滑油，作動油，薬品類があり，耐薬品性が要求されることが多い
⑤ 重量，コスト，生産性が重視される

このような特徴があるが，以下では部品ごとに概要をみていきたい．

● **外装品**

　乗用車の外殻は鋼板プレスであり，プラスチックは主役ではない．しかし，各所で重要な役目を果たしている．大きいものではまず，バンパーがある．バンパーはさまざまな経緯を経て，ゴムを配合して耐衝撃性を向上させたポリプロピレンが主力になってきた．最近はボディカラーが多く，塗装されている．ラジエタグリルにはABS樹脂が使われる．これも，塗装やメッキが施される．テールランプには光学特性の優れたアクリル樹脂が使用されている．車輪についているホイールカバーもさまざまな材質が使用されていたが，ブレーキからの伝熱をできるだけ遮断して，ABS樹脂を使っているケースが多い．

　デザイン上，ドアハンドルにはメッキ，ボディと同色の塗装が必要になる．

---

*環境温度を高温から低温，またはその逆に急変させ，性能の変化をみる試験法

そのため，乗用車ではポリカーボネートが使われている．
　サイドモールや窓枠シールには，熱可塑性エラストマーが使われている．

● 内　装
　かつては，ほとんどが軟質塩ビであったが，ポリプロピレン系の材料に替わってきている．インストルメントパネルは，AS 樹脂，ABS 樹脂，m-PPE などのスチレン系材料の骨格に発泡ウレタンを巻き，ポリプロピレンや軟質塩ビのシートで化粧をしたものが多い．メータカバーや照明カバーなどには，光学特性が優れたアクリル樹脂が使われている．

● 機構部品，その他
　多様な部品があり，そのすべてを網羅することは困難である．大きいものからあげると，高密度ポリエチレン製のガソリンタンクがわが国でも使用されるようになった．プラスチック化すると形状を複雑にできるため，スペース効率が向上する．ポイントはガソリンの透過を防ぐことであり，ガソリンを透過しにくい層を入れた多層ブロー成形が使われる．エンジンの近くには，耐熱性の高いポリアミドやポリプロピレンが使われる．ラジエタの両端部分やエンジン上部のエンジンカバーには，ガラス繊維で強化したポリアミドが使われている．エンジンからやや離れたラジエタファンやバッテリケースは，ポリプロピレンである．
　電装関係ではコネクタにはポリアミド，PBT が使われている．窓の開閉，ドアロック機構，シートアジャスト機構，アンテナやミラーの作動，トリップメータの駆動メカなどには耐摩耗性が要求されるため，ポリアセタール製の部品が使用されている．

5.1.4　包装材料
　ほとんどの商品は工場で包装されて出荷される．このため，大量の包装資材が使用されている．紙やアルミ箔も使われているが，主流はプラスチックフィルムである．どんなフィルムを使うかは内容物によって異なる．変質の心配がない雑貨品などでは，ポリエチレン単体のフィルムで済ますことができる．
　食品の腐敗を防ぐには，酸素と水分を遮断する必要がある．ところが，空気も水も遮断できるプラスチックは得にくい．このため，複合フィルムを使うこ

とになる．たとえば，**ポリセロ**とよばれる複合フィルムは，低密度ポリエチレンとセロファンを張り合わせてある．ポリエチレンで水分を遮断し，セロファンで酸素を遮断する設計になっている．商品によっては，香料の飛散防止，強度，耐熱性，熱でシールできることなどを満たす組合せの複合フィルムが使用されている．

内容物への衝撃を避けたい場合は，**ブリスターパック**といわれる包装が使われる．ボタン電池や錠剤によく使われているが，成形されたシートにはさまれて厚紙に張りつけてある．この場合，シートには透明性と成形性が要求される．当初は塩化ビニールが使われていたが，最近はPETに替えようとする動きがある．

ワインのキャップにフィルムを巻くような包装方式がある．ワインだけでなく，カセットや束ノートの包装にも使われている．これは，包装したあと加熱してフィルムを収縮させている．この包装法を**シュリンクパック**という．塩化ビニールは加熱されたときに収縮する特性が優れているため多く使われているが，この分野でも，ポリスチレンやポリプロピレンに代替する動きがある．

このほか，緩衝材として発泡スチレン，発泡ポリエチレンが使われる．また，液体容器にはポリエチレン製のボトルが多く使われているが，最近では，強度，透明性，ガス透過性などが優れたPETボトルが登場し，急伸している．

コンテナとよばれる流通容器には，ポリプロピレン製の箱が使われる．内容物により，さまざまな形式のものがある．

包装材料は使用後廃棄されることが多いため，省資源や廃棄物の環境負荷軽減への関心が高い．この一環で生分解性プラスチックを使う動きもある．

● COLUMN 9：生分解性プラスチック ●

環境意識の高まりから，生分解性プラスチックが話題になっている．これは，1年程度土の中に埋めておくと，原形をとどめないくらいに分解するという．性能や加工性，価格などが従来のプラスチックとかなり異なるため，使い方には工夫が必要である．当面はどんな用途に使っていくかが課題だが，分解性を活かす廃棄法を考えることも大切だ．

最近は，バイオマスプラスチックという言葉も聞くようになった．こちらは，植物を原料にしているプラスチックを指す．現在，プラスチックのほとんどが石油を原料にしており，この体質から脱却しようと開発が進め

られている．バイオマスプラスチックは生分解性をそなえている場合が多いが，そうでない場合もある．植物原料を大量に集めようとすると，食糧や燃料と取り合いになることが懸念されており，化石燃料脱却の道筋はまだ明確になっていない．

5.1.5 産業資材

この分野も多様であるが，以下に主なものをあげる．

● OA機器

パソコン，ファックス，プリンタ，電話機などの外装にはABS樹脂やHIPSが多い．紙送りなどの機構部品には，ポリアセタールが歯車やローラーなどに多数使用されている．カラー化が進み，精密な紙送りが要求されるようになり，歯車の要求精度が向上している．

最近の動きとして，携帯機器の普及がある．この分野では，高剛性材料の要求が強く，ガラス繊維などで補強したAS樹脂，ABS樹脂，あるいはABS樹脂とポリカーボネートのアロイなどの使用が増加している．

また，光情報化の進展にともない，光学部品の搭載が増加している．この分野ではポリカーボネート，アクリル樹脂が多く使われている．

● 機械部品

多様な機械があるが，一般論でいえば，ハウジングにはABS樹脂やポリカーボネート，m-PPE，駆動部にはポリアセタール，耐熱性が要求される部品にはポリアミド，PBT，m-PPEといった選択が多い．ただし，耐薬品性が求められる場合の材料選択は簡単ではなく，さまざまな観点からの検討が必要である．

歯車，軸受けなどの機械要素は，多くが金属のものと同じ形状をしているが，締結要素はプラスチック独自の発展をとげた．それらはプラスチックファスナーとよばれ，金属のボルトや釘とはまったく異なる形状をしており，機能も多様である．また，プラスチックの柔軟性を利用して，ベニヤ用とかコンクリート用といった用途を特化したものが多く開発されている．金属製のものに

比べて生産性が高いため，自動車や電気製品などの大量生産品に多く使われている．

● 建築資材

　床材，壁紙，配管などの建築資材は，塩化ビニールが多い．これは難燃性が優れているためである．波板は塩化ビニール製のものが主流だが，熱硬化性ポリエステルやアクリル樹脂，ポリカーボネート製のものもでている．天窓などの採光部には，ポリカーボネート，アクリル樹脂が使用されている．

5.1.6　家庭用品

　身近な日用品は，ほとんどがオレフィン系とスチレン系プラスチックである．機能と価格が重視されるものにはオレフィン系が使われ，外観が重視されるものにはスチレン系が使われる．たとえば，ボール，ザル，流し用品の三角コーナーやたわし台，浴用品の洗面器，石鹸置き，衣装ケースのような収納機器にはポリオレフィンが多い．必要な硬さや強さによって，ポリプロピレンや各種ポリエチレンが使い分けられている．

　外観が重視される，醬油差し，ハシ立て，トレーなどのテーブル用品，各種文具はスチレン系が多い．こちらは，透明性が必要な場合はGPPS，耐衝撃性が必要な場合はHIPSやABS樹脂が選ばれる．また，壁紙などの住関連の品には，燃えにくい塩化ビニールが使用される．

COLUMN 10：家庭用品品質表示法

　このコラムのタイトルのような法律があり，プラスチック製の家庭用品にはこの法律に基づく表示が義務付けられている．ほかのものは商品別に規定されているが，プラスチックだけは材質でまとめられている．消費者にとって，プラスチックはなじみのない材料だからだろう．

　表示内容は，原料，耐熱温度，耐冷温度，使用上の注意などになっている．とくに，原料（使用材料の種類）が表示されているのはありがたい．どんな用途にどんな材料が使われているかがわかる．また，各材料の外観，触感を知ることもできる．家庭用品の使用条件は常識的にわかるから，材料のおおよその性能を把握することもできる．なお，耐熱温度，耐冷温度は使用実態に応じた表示になっており，使用中に力の加わらないも

のでは使用温度範囲が広くなっており，過酷な条件で使用されるものは狭くしてある．もちろん，カタログなどの物性値とは関係ない．
　台所や浴室のプラスチック製品は教材だと思って，表示をよく見ることをお勧めする．

5.2　材料の選び方

5.2.1　材料選びの難しさ

　前節で説明したように，プラスチックの用途は多様であり，それぞれが材料に対してさまざまな要求をしてくる．一方，材料もこれまた多様であり，どれを選んだらよいかわからなくなってしまう．世の中に出ている商品を見ても，同じ商品なのに異なる材料が使われている例は少なくない．また，設計者がどこまで材料を規定すべきかという問題もある．生産現場からは，材料の選定は任せてほしいとか，あのラインでは特定の材料しか使えないといった声も聞かれる．
　このようななかで，とにかく材料を決めないと設計が進まないし，試作指示もできない．以下では，この点をどうしたらよいかを考えてみる．

5.2.2　材料選定法

　ある商品をつくろうとした場合，商品開発と材料選定の関係をフローで示すと，図5.1のようになる．図にそって材料選定のポイントを述べる．

● どこで決めるか

　材料選定は，商品企画が始まったときからスタートしなければならない．完成がせまったところで決めると，とんでもないことが起こる．たとえば，塗装ができないとか，屋外で使用できる材料がないといった，商品コンセプトに関わる問題が量産試作段階で判明し，商品開発が大幅に遅れてしまうということが起こりかねない．それにもかかわらず，最終決定は商品が流れ始めるまでできない．極端な場合には，商品が流れ始めてから材料変更されることさえある．この原因の多くは，材料の性能ばかり見て，生産性，成形性を見過ごしていることが多いためである．商品開発者，あるいは設計者に成形技術まで要求

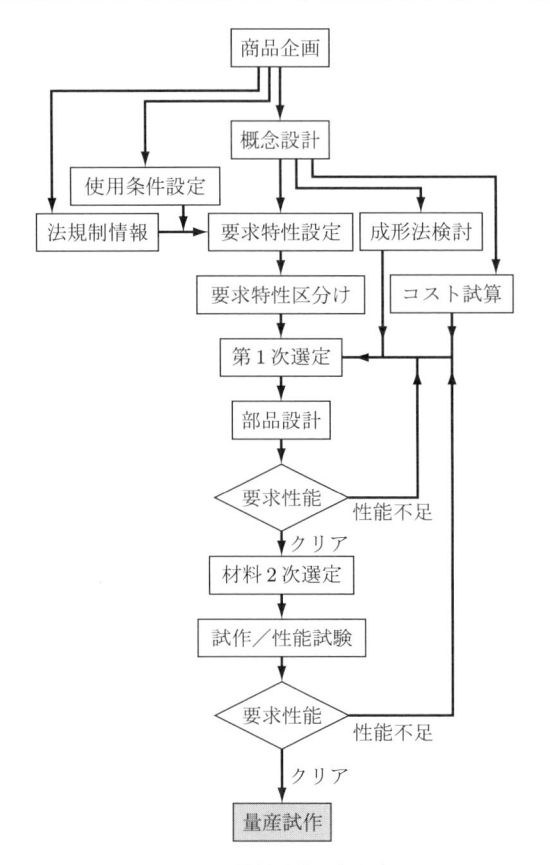

図 5.1 材料選定の考え方

することは酷かもしれないが，とくに汎用プラスチックでは，材料性能の半分は成形性であることを認識してほしい．間違えると試作段階で材料変更が起こり，性能試験をやり直すことになりかねない．

● 材料の決め方

残念ながらプラスチックには鉄鋼のようなデータ蓄積がない．このため，単純な手続きだけで材料を決めることはできない．カッコよくいえば，コンカレントエンジニアリング風に材料は決まっていく．つまり，開発の全期間を通して材料検討は続くと考えるべきであり，そうしないと最適な選定はできない．

たとえば，商品企画段階でハウジングはポリプロピレンにすると決めたとする．これは最終決定ではない．どんな種類のポリプロピレンで，どこのメーカーの何番を使うかはまだ決めることはできない．しかし，ポリプロピレンということが決まれば，概略検討に必要な物性データも，見積りに必要なコストデータも入手することができる．

　設計が進むと，もっと硬さが必要だとか，耐熱性がどうのといった材料への要求が明確になってくる．この段階でグレード探しが始まり，各論の話に入る．各論は性能だけでなく，コスト，生産技術面からも進められる．この繰返しが開発の終了まで続くというわけである．最後は性能と価格，あるいは加工性といった，さまざまな視点の間で押し問答が繰り広げられることになる．最後の決着がつくのはラインオフ直前ということが多い．もちろん，このときの判断基準は商品コンセプトであり，判断者は開発責任者である．

　すべての商品開発がこのような経過をたどるわけではない．商品開発がいつも前人未到の新しい商品ばかりではないからである．世の中には先行事例が必ずある．ぴったり同じでなくても参考になる．先人の努力に学ぶことは，エネルギーセーブ，タイムセーブにつながる．世は情報化時代である．先行事例がみつかれば，使用材料に関する情報は比較的簡単に入手できるものだ．現物が入手できたのに，使用材料がわからない場合は分析することになる．こちらも技術が大変進み，わずかのサンプルで信頼性の高い情報が得られる．いずれにせよ，材料メーカーなどプロの手を借りる必要がある．先行商品から得られるものは材料情報だけではない．デザインや生産技術など，学ぶことはたくさんある．

　要求特性を明らかにすることが，最も難しい仕事である．とくに日用品は，使用実態がつかみにくい．しかし，これがわからないと設計作業には入れない．要求特性のリストアップの一助にするため，材料サイドからみて，検討してほしい項目を表5.2に示しておいた．

　材料決定は，商品イメージ → 使用状態の推定 → 要求特性の推定 → 材料要求特性といった順序で，ステップワイズに進めることになる．なお，このプロセスは，逆に材料特性から商品イメージを規定していく流れもある．たとえば，コストからの制約 → ポリプロピレン製外装 → 性能・形状の決定 → 荷重限界 → 商品コンセプト，といった流れである．材料情報からのフィードバックも，モノづくりに十分活かすべきである．

表5.2 要求項目の例

項　目		留意事項
機械的特性	応力，変形量，弾性係数	この3項目は変形挙動として一体でとらえる
	クリープ	連続的に加わる応力のレベルと加わる時間
	疲　労	繰り返し加わる応力レベルと全回数
機械的特性	耐衝撃性	定量化することが大切
	耐摩耗性	摩擦の種類と圧力，速度
	摩擦係数	とくに，小さいこと，大きいことが求められる場合
温度特性	最高温度（最低温度）	使用中にかかると予想される最高温度
	連続温度	使用中に連続的に到達する温度（温度，時間）
	熱膨張係数	温度変化範囲
	高温時変形挙動	応力負荷時の温度（温度，応力レベル，時間）
	高温クリープ	高温で連続負荷がある場合（温度，応力，時間）
	高温時耐薬品性	高温で耐薬品性が求められる場合（温度，薬品，時間）
耐薬品性		接触する薬品類（水や洗剤なども成形条件）
耐候性		屋外で使用する場合，窓際，蛍光灯も念のため
難燃性		実際の要求と法規制と両方から検討
電気的特性		絶縁性，静電気特性など
光学的特性		透明性，拡散性など
加工性		特別な加工を行う場合
法規制		UL，食品衛生など
その他		吸水率，ガス透過性，光沢，臭気，硬さなど

● 要求の分類

　商品コンセプトから必要な材料特性が出そろったら，これを物性のレベルに翻訳する必要がある．とくに，耐衝撃や耐熱性，硬さなどは材料側の表現がプラスチック独自のものであるから注意が必要である．

　項目が出そろったら，各項目は必須のものか，回避可能（クリアできないときはほかの手段で補うことの可能性）なものかを吟味し，優先順位を付けていく．耐候性や耐薬品性は，塗装やカバーで暴露を回避できる．使用温度は，熱

源を断熱すれば低くすることができる．変形挙動も，成形品の厚さや変形部分の形状を変えれば負荷を軽減できる．

このとき，問題になるのが負荷回避技術である．回避技術が盛り込めるほど，安価な材料が使えるし，商品の性能も向上する．材料への負荷を軽減する方法をどれだけ知っているかが設計能力になる．このような検討を進めていくと，材料への要求特性のほとんどが相対的なものであることに気づく．

● 正攻法では商品はできない

前述の検討を綿密に行えば行うほど，商品から材料に要求される特性が厳しくなる．そうすると，相当高価な材料を使わなければならない，という結論が出かねない．このとき，プラスチック部品の設計法を活用すると，材料への負荷を軽減することができる．以下では，いくつかの例を紹介する．

・耐熱性

プラスチック部品を熱源から遠ざけることをまず考えるべきであろう．プラスチックの部品は摩擦や変形によって自己発熱を起こしている場合もあるので，この点も留意し，無理な力が繰り返し加わることを避けると，使用温度を低くできる．放熱を工夫することも有効であり，部品の表面積を大きくするとか，温度の低い金属部品との接触を密にするなどの工夫が有効である．

・耐候性，耐薬品性

これらのアタックは表面のみで起こるので，表面を覆うことが有効である．自動車外装に使われているABS樹脂にはメッキや塗装が施されているため，耐候性が問題になることはない．なお，耐候性をカバーするために，大量に顔料を添加することも有効である．とくに，カーボンブラックが有効なため，工業製品は黒い場合が多い．これは紫外線の進入を防ぐ効果があり，内部の劣化を阻止することができる．

・応　力

力を受けるとき，受ける面積が大きいほど，応力は軽減できる（図5.2参照）．したがって，重量を支えるような場合は，受ける面積をできるだけ大きくすれば，耐荷重の小さい材料が使えることになる．応力を小さくできれば，クリープ，疲労なども有利になる．逆に，ヒケやソリなどで片当りになっていると，クラックが生じるなどのトラブルの原因になることがある（図5.3参照）．

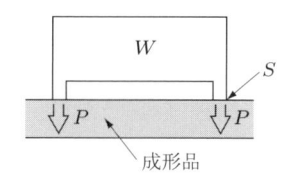

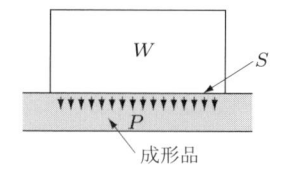

(a) 受圧面 S が小さいため
応力 $P(=W/S)$ が大きくなる

(b) S が大きいため荷重が分散し，
応力 P は小さくなる

図5.2 受圧面積と応力

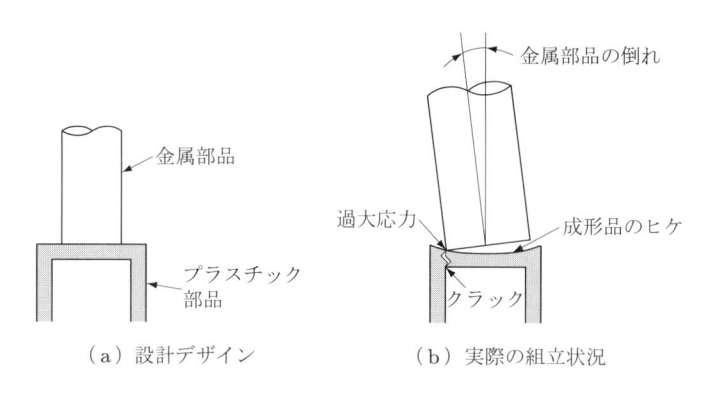

(a) 設計デザイン

(b) 実際の組立状況

図5.3 片当りによる応力集中

・変　形

　所定の変形が起こる場合，変形率を小さくするには，図5.4（b）のように変形する部分を大きくするか，図（c）のように変形部分の厚みを薄くすることが有効である．変形率が抑えられれば応力レベルが下がり，設計が楽になる．

・衝　撃

　衝撃力は，変形しやすい構造にすれば回避しやすくなる．衝撃力の特性にもよるが，図5.5のように，柔構造にした衝撃の回避はよく行われている．
　このほかにもさまざまな工夫があり，商品から要求される特性を直接材料に負担させることを回避することが可能である．

● 材料データについて

　要求特性がそろうと，材料データを探して適合する材料を探すことになる．要求特性が単純な短期特性の場合は何とかなるが，疲労やクリープのような長

(a) (b) (c)

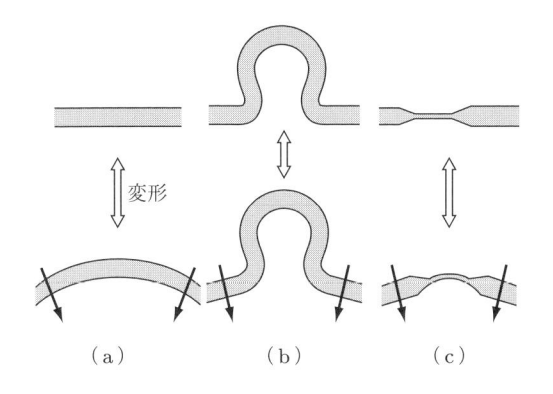

図5.4 変形率の軽減例

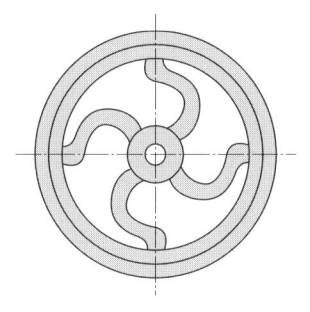

図5.5 衝撃吸収策の例
（加速時の衝撃を吸収するため，スポークを変形しやすくしておく）

期特性になるとデータが思うようにそろわない．また，高温特性や水中のような特殊な環境下での特性データはほとんどそろわない．というより，類似の試験は行われているが，条件が合わない．まして，「グリースが付着していて温度が上がって荷重がかかる」といった複合条件でのデータはまったく望めない．これらのデータは，入手できるデータから推定することになる．この辺りは，残念ながら「カンと経験」の世界になる．こんなとき，過去の実績は頼りになる．自社内ならもちろん，世界のどこかで誰かが経験していれば，そのケースをじっくり調べるべきである．

　重要なデータは，自前でデータを取る必要がある．この場合，実際の使用条件との整合性が問題になる．汎用性を重視すると，商品の使用条件と離れてしまう．そのものの条件でデータを取ると，今回限りのデータになってしまう．

難しいところであるが，目的は商品開発にあるのであるから，実用試験にできるだけ近い条件でデータを取るべきだ．大切なことは，実験したことを記録に残しておくことだろう．きちんと残しておけば，将来必ず役立つ．もし，類似商品の開発過程での記録が残っていれば，新しい商品開発に役立つはずである．プラスチックの選定については，残念ながらすっきりした方法がないため，このような実践の積み重ねが重要な意味をもつ．

● COLUMN 11：材料代替ルート ●

プラスチック製品では，涙ぐましいコストダウン努力が絶えず行われている．コストダウンはさまざまな方法で行われる．主なものは，生産性向上，使用材料削減，そして材料転換である．材料転換には一定のルートがあり，このルートに従って，より安価な材料へと流れている．

代表的なルートは，エンジニアリングプラスチック→ABS樹脂→HIPS→ポリプロピレンである．エンジニアリングプラスチックはポリアミド，ポリアセタール，m-PPE，ポリカーボネートであり，用途により異なる．たとえば，洗濯機はABS樹脂に始まり，現在はポリプロピレンが使われている．テレビハウジングは，ABS樹脂からHIPSに替わった．もしコストダウンをする機会があったら，この順序で材料変更を検討するとよい．

それぞれの材料代替は単純な置き換えではなく，デザイン的な工夫と材料の綿密な検討の積み重ねで達成される場合が多く，飛躍的なコストダウンが急に実現することはない．

6 プラスチックの加工法

プラスチックがこれだけ普及した理由の一つに，加工技術の進歩があげられる．
プラスチックの加工法には，射出成形，押出成形，ブロー成形などのような形状を作るための加工と，その後で穴をあけたり，印刷したり，組み立てたりといった加工を施す二次加工といわれるものがある．本章では，プラスチックには，どのような加工法があり，何ができるかを概観する．
加工法を選び，うまく組み合わせることは，材料選定，製品設計と並んで重要である．
ここで述べることが，プロセス設計やプロセス開発に役立つことを期待している．

6.1 成形加工（一次加工）

6.1.1 さまざまな加工

　プラスチックが急速に普及した理由の一つは，加工のしやすさである．その加工法の全容を分類表にして，表 6.1 にまとめた．プラスチックに最初の形状を付与するのが，表の上半分に示した**成形加工（一次加工）**である．下半分はより高度な製品を得るための加工であり，二次加工とよばれている．ここでは，成形加工のうち，主要なものを紹介する．
　プラスチックの成形加工は，どの加工法でも原料を加熱溶融し（可塑化），これを所定の形状にして（賦形）冷却し（固化），成形品を得るという流れになっている．**可塑化 - 賦形 - 固化**の3ステップは，プラスチック成形共通のプロセスである．
　成形法を形状によって分けると，パイプ，型材（異形材料），フィルム，シートのように断面形状が一定で1軸方向に長い成形品と，バケツとかビンのような3次元形状の成形品に分けることができる．前者は**押出成形法**で成形されたものであり，後者は**射出成形法**あるいは**ブロー成形法**で成形されたものである．また，前者は**連続成形**であり，後者は**バッチ成形**である．

表6.1 プラスチックの加工法

種　類		加工法
一次加工	押出成形	パイプ成形 シート成形 異形押出 フィラメント成形（紡糸） フィルム成形 ── Tダイ成形 　　　　　　　├─ インフレーション成形 　　　　　　　├─ ラミネート加工 　　　　　　　└─ 延伸フィルム
	射出成形	
	ブロー成形	ブロー成形 射出ブロー 延伸ブロー
	その他	（ゾル加工など）
二次加工	賦　形	塑性変形加工（熱成形など） 切削加工
	組立て	メカニカル（ネジ止めなど） 溶　接 接　着
	表面装飾	印　刷 塗　装 メッキ
	改　質	（表面硬化など）

6.1.2 押出成形

　パイプ成形を例にとって，押出成形法を説明する．図6.1に，パイプ成形装置の例を示した．押出成形はプラスチックを溶融する**押出機**，溶融したプラスチックを目的の形状に変形させる**ダイス**，ダイスから出た溶融プラスチックを冷却する**冷却槽**の3部分からなっている．

　押出機は図6.2のようになっており，外側にヒータを巻いた金属の筒（**シリンダ**という）の中にスクリュが仕込まれている．図に示すように，スクリュは金属製の丸棒の周囲に螺旋状の突起が設けられた構造をしており，シリンダの

6.1 成形加工（一次加工）　99

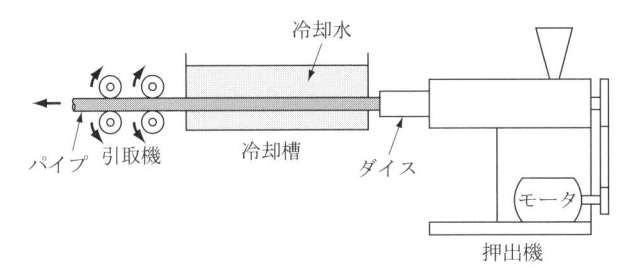

図6.1　パイプ成形装置の例

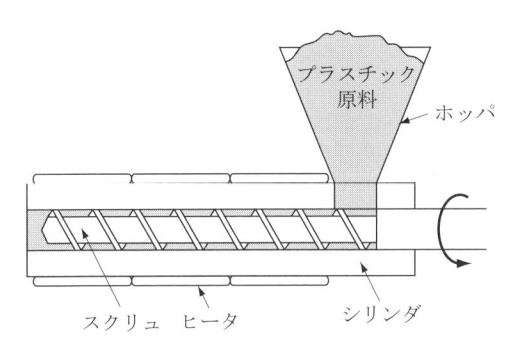

図6.2　押出機の構造

中で回転させると螺旋状の山でプラスチック原料を前方に送り出す．押出成形では，スクリュを一定速度で回転させ，プラスチック原料をホッパからダイス側に順次定速で移動させる．シリンダはヒータによって高温に保たれているから，この過程でプラスチックは溶融し，ダイスから溶融したプラスチックが連続的に出てくる．

　スクリュには工夫があり，溝が先端にいくほど浅くなっている．このため，プラスチックは前に進むにしたがって圧縮され，原料に含まれている空気が分離され，先端に達したときには，気泡を含まない溶融プラスチックが得られる．なお，溶融プラスチックの生成量は，通常の条件ではスクリュ回転数に比例する．

　ダイスは所定形状の開口部をもった治具であり，溶融樹脂はここで目標の断面形状になって出てくる．パイプの場合は，円環状の開口部からパイプ状の溶融プラスチックが吐出してくる．これを水槽に入れて冷却すれば，押出成形品（図6.1の例ではパイプ）が連続成形できる．

ダイス開口部を円形にすれば糸や丸棒が，一文字にすればシートが成形できる．ダイス形状を変えれば，断面がC型やH型などほかの形状の長尺材も連続成形することができる．

包装用などのフィルムは，図6.3のような**インフレーション成形**で生産される．この成形法では，パイプと同様の円環状ダイスから出た溶融プラスチックの内側に空気を吹き込んで，プラスチック膜をゴム風船のように膨らませる．そして膜を所定の厚さにした後，空冷し，折り畳んで巻き取る．溶融プラスチックの押出しとフィルムの巻取りのバランスをとれば，連続生産することができる．

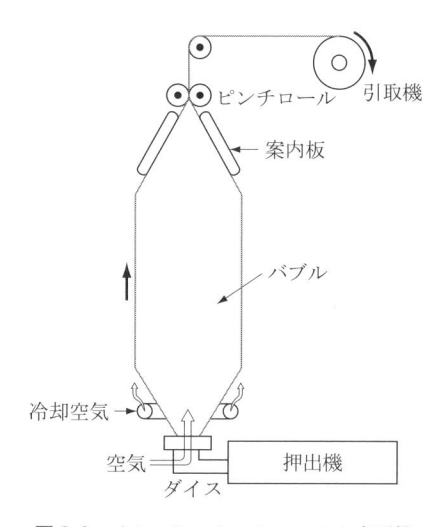

図6.3 インフレーションフィルム成形機

インフレーション成形では，ダイスから出た後に何倍かに引き伸ばされるため，小さな設備で薄いフィルムを高速で生産することができる．そのため，この方法は大量に生産されるフィルムの標準的な生産法になっている．

買物袋やポリエチレンの小袋の横に継ぎ目がないのは，巻き取り時の折り幅と袋の幅が同じためである．

肉厚の厚いシートや磁気テープのように高い厚さ精度が要求される場合は，**Tダイ法**とよばれる方法で成形する．この場合は，開口部が一文字状のダイスを用い，図6.4に示すように冷却ロールで固化させる．

ダイスでは，押出機から出てきた溶融プラスチックを，成形しようとする

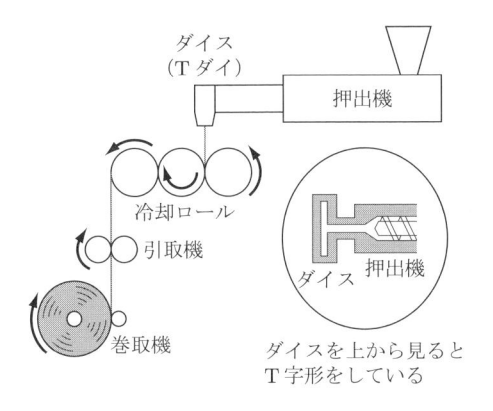

図 6.4　T ダイフィルム成形機

フィルムの幅にまで広げている．このため，プラスチックの流路が T 字状になっており，このタイプのダイスを「T ダイ」とよぶ．また，T ダイでフィルムをつくることを，「T ダイ法」とよんでいる．

　強度の高いフィルムが必要な場合は**延伸**する．このほか，T ダイ法は異なった材料のフィルムを張り合わせる複合フィルムの生産にも利用される．この場合は，T ダイから溶融プラスチックをあらかじめ準備されたフィルムの上に連続的に押し出して複合化する．

　押出成形は連続生産方式なので大量生産に適しており，フィルムやシートのような素材を安価に大量供給するのに役立っている．加工工場も大規模なところが多い．

6.1.3　射出成形

　バケツのような 3 次元形状の成形品は，射出成形法によって成形される．射出成形機の概要を，図 6.5 に示す．この図において，シリンダ部は押出機のシリンダと同じはたらきをする．ただし，作動が少し異なっていて複雑である．このため，射出成形の操作は複雑であるが，最近の射出成形機はコンピュータを搭載し，精密な制御を行っているので，多くの場合は全自動，無人成形が実現している．射出成形の動作をわかりやすく説明するため，図 6.6 に射出成形機各部分の動きを時系列的に示しておいた．まずシリンダ部では，スクリュが回転して，プラスチックを可塑化する．プラスチックが十分に溶融するとスクリュが後退し，シリンダの先端に溶融したプラスチックがたまる．溶

融プラスチックが所定量たまったらスクリュを止める．たまった溶融プラスチックは，注射器の要領でスクリュを前進させ，ノズルから高速で吐出させる（**射出**という）．

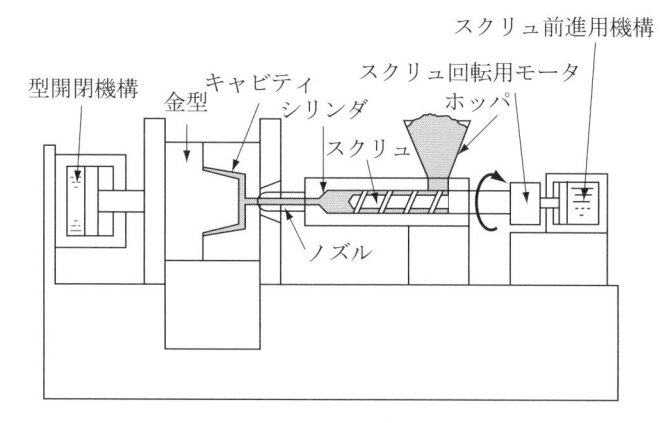

図6.5 射出成形機の例

図6.6 射出成形のタイムプログラム

一方，ノズルの先端には金型が取り付けられている．金型は成形品の形状に相当する空洞部（**キャビティ**という）をもった成形治具であり，冷却水を流して低温に保たれている．キャビティ内に充填された溶融プラスチックは冷却されて固まり，成形品になる．キャビティ内のプラスチックが十分冷却したら金型を開く．突出しピンが作動して，成形品を取り出す．再び金型が閉じ，同じ動作を繰り返す．

金型にはさまざまな形式のものがあるが，おおむね図6.7のような構造になっている．各部分の機能は，表6.2に示すとおりである．射出時のプラスチックは100 MPa以上の高圧になることもあり，しかも変形は許されないか

ら，金型はこれに耐える構造になっている．プラスチックの種類によっては，キャビティは耐摩耗性，耐腐食性が要求され，慎重に鋼材が選ばれる．なお，金型の良否は製品の品質，生産性に大きく関与するため，射出成形の中で型技術の占めるウェイトは大きい．

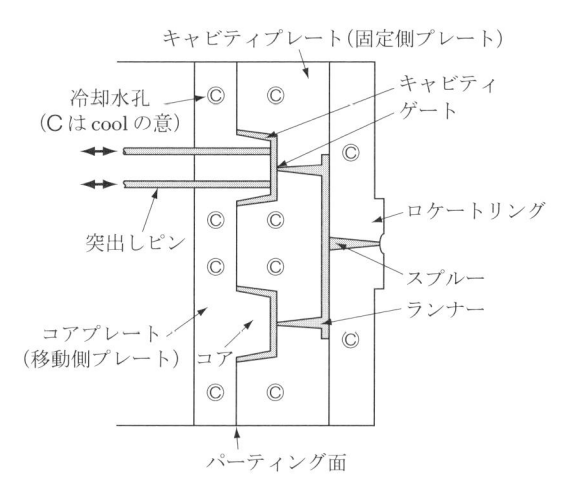

図 6.7 射出成形金型の構造例

表 6.2 金型の構成要素

要素名	概要	備考
ロケートリング	金型を成形機に取り付けるとき，位置決めをするための円環部	
スプルー	溶融プラスチックを成形機から型内に導く通路	
ランナー	型内の溶融プラスチックの流路	
ゲート	キャビティに溶融プラスチックが流入する小孔	
キャビティ	成形品に相当する型内の空洞	
キャビティプレート	キャビティが設けられている型板．スプルーで成形機ノズルとつながっている	多くは固定側にあり，固定側プレートといわれることもある
コア	成形品の凹部を構成する型部分	

表6.2 金型の構成要素（続き）

要素名	概　要	備　考
コアプレート	コアが設けられている．型板，突出し機構が設けられている	多くは移動側にあるため，移動側プレートといわれることもある
冷却水孔	金型に冷却水を流すための水路	冷媒が油のこともある
パーティング面	成形品を取り出すために型を割るための面	
突出しピン	成形品を型から取り出すために突き出すため，往復作動する棒状の部品	ほかの突出し方式もある

　射出成形は最終製品の形状まで一工程で確実に完成できるため，プラスチック製品のコストを抑えるのに大きく貢献した．なお，このような加工法は金属などのほかの素材にはみられない．

6.1.4　中空物の成形

　3次元形状の成形品でも，シャンプー容器のように開口部の小さい中空の成形品は，射出成形ではできない．このような場合は，**ブロー成形法**で成形する．図6.8に，ブロー成形プロセスの概略を示した．図において，まず（Ⅰ）で押出機からパイプ状の溶融プラスチック（**パリソン**という）を押し出す．ここはパイプの成形と同じ要領である．パリソンが適当な長さになったらこれを金型ではさみ込む（Ⅱ）．この状態で，パリソンの中に空気を吹き込む．する

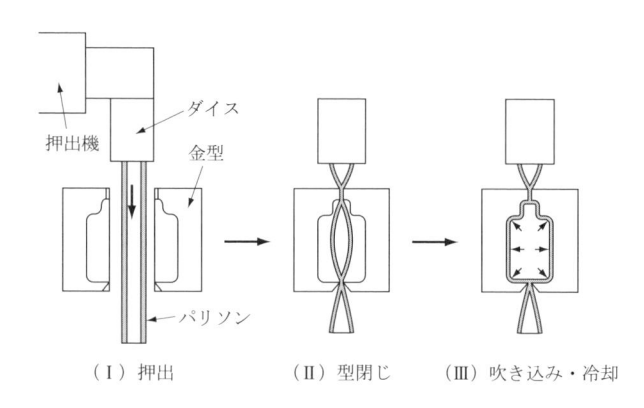

（Ⅰ）押出　　　（Ⅱ）型閉じ　　　（Ⅲ）吹き込み・冷却

図6.8　ブロー成形法の概要

と，溶融プラスチックは変形しながら空気の圧力で金型の内壁に押しつけられる（Ⅲ）．金型は射出成形同様低温に保たれているので，プラスチックは壁に張りついたまま固まり，中空の成形品が得られる．最後に，これを型から取り出す．

ブロー成形は洗剤や食品容器，灯油缶，自動車燃料タンクなどの容器や，フロートのような中空物の成形に広く利用されている．

PETボトルは，**2軸延伸ブロー**という方法でつくられる．この方法は，図2.13（p.35）に示したように，パリソンのかわりに，あらかじめ射出成形された**プリフォーム**とよばれる小さなボトルを使用する．固体のまま金型に入れ，空気を吹き込み，強引に膨らませる．この際，プリフォームは延伸に適した温度に温度調節をしておく．ボトルの壁が引き伸ばされる過程で延伸され，透明で薄くて強度の高いボトルができる．なお，2軸延伸ブローには通常のブロー成形よりはるかに高い圧空が必要である．

このほかにも，さまざまな成形法が開発されており，多様化の一途をたどっている．しかし，基本である**可塑化－賦形－固化**のステップは変わらない．したがって，新しい成形法に出会ったときは，上記3ステップに分解し，各ステップがどうなっているかを調べていくと理解しやすい．

● COLUMN 12：薄型テレビ ●

薄型テレビのデザインをみてみると，黒枠で画像を縁取られたものが多いことに気づく．この枠の成形が大変難しい．枠は環状をしているため，成形中に金型を流れた溶融樹脂は，どこかでぶつかる．このとき樹脂はすでに固化を始めているため，完全に融け合うことができずアトが残る．これを「ウエルド」という．光沢のある黒い枠では，ウエルドがとくに目立つ．このため，アトが残らない「急速加熱冷却金型」とよばれる成形法が採用されている．

樹脂を充填するときは型温度を高くしておき，充填後には急冷して成形品を固化させる．こうすれば，型内を流動する間の樹脂温度の低下がないため，合流点でうまく融け合い，ウエルドは目立たなくなる．この成形法はウエルド解消のほか，型転写性を向上させる効果もあり，光沢のある成形品をつくりにくいガラス繊維強化材料，発泡成形などにも応用されてい

る.
　金型温度の上昇法や急冷法にもさまざまな方式がある．金型自体の熱慣性が大きいため，成形サイクルは通常の成形より長くならざるを得ない．

6.2 二次加工

6.2.1 二次加工の意義

　商品によっては，前節で述べたような成形加工のみで最終製品になる場合が多い．しかし，さらに加工しなければ実用化できない場合もある．追加する加工のことを，**二次加工**という．このため，プラスチックが最初に受ける成形加工を一次加工ということもある．表6.3のように，二次加工は加工目的によって**賦形**，**組立て**，**装飾**，**改質**の4種類に分類することができ，それぞれ非常に多くの手法が開発されている．以下では，主要な加工法について概説する．

表6.3　プラスチックの二次加工法

種類		加工法
二次加工	賦形	塑性変形加工（真空成形，圧空成形など） 切削加工（せん削，フライス，ドリル，ノコなど）
	組立て	メカニカルフィット（ネジ止め，圧入，スナップフィット） 溶接（熱風，熱板，高周波，超音波，摩擦など） 接着
	表面装飾	印刷（ホットスタンプ，転写など） 塗装，染色 メタライズ（メッキ，真空蒸着など）
	改質	表面硬化，電磁波シールド，ガス透過性改良，熱性向上，防汚，摩擦特性など

6.2.2 賦形

　成形加工で加工度が不足している場合，これを補うために，追加の形状付与加工が必要になる．この場合，加工法には**塑性変形加工**（**塑性加工**）または**切削加工**がある．

　塑性加工は粘土をこねたり，鉄板を曲げたりするような加工法である．1章

で詳しく述べたように，プラスチックは加熱すると可塑性が顕著になり，種々の塑性加工が可能になる．とくに，シートからの**絞り加工**は広く普及しており，**熱成形**とか**真空成形**などとよばれている．ワンウェイの食器や包装材料用のトレーなどはその例である．熱成形のプロセス例を図 6.9 に示す．この例は真空成形であり，型内を減圧して型にシートを引き寄せて成形している．シート側を加圧して金型に押しつける成形法もある．この場合は，**圧空成形**とよばれる．熱成形品は成形が容易で安価なため，先ほど述べた包装材料用に大量に使用されている．また，とくに大型品では金型が安価にできるため，看板や浴槽のような大型成形品に活用されている．

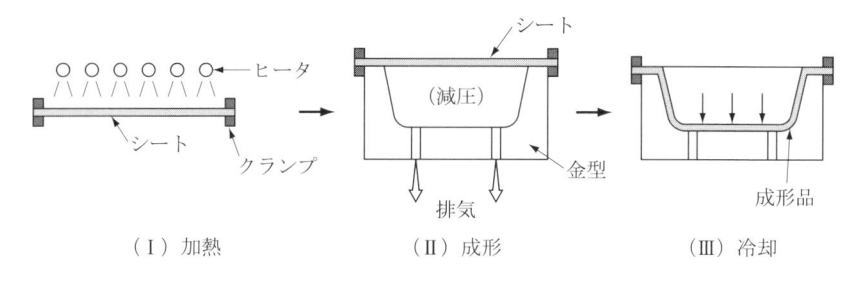

（Ⅰ）加熱　　（Ⅱ）成形　　（Ⅲ）冷却

図 6.9　熱成形の概要

切削加工は，成形品の形状が未完成であったり，精度が不十分な場合，これを補うために行われる．加工法としては，**ゲート仕上げや穴あけ加工**のような簡単なものから，棒材や板材からほとんど全形状を切り出す加工までさまざまなレベルがある．切削法としては，せん削，フライス，ドリル，ノコなど金属，木工などの加工法がそのまま利用できる．切削で大切なことは，切削時の発熱によって成形品が溶融しないように，刃形状，切削条件を調整することである．

6.2.3　組立て

成形品の形状が最終製品より小さかったり，形状が単純な場合は，プラスチックの成形品どうし，またはほかの材質の部品と組み合わせて使用する必要がある．その際，必ず組立てという操作が入る．組立て法としては，金属などの在来材料に使用されていた組立て法がほぼそのまま使用できる．とくに，プラスチック以外の部品と組み合わせる場合は，ネジ止めなどの在来手法が利用

されることが多い．

以下では，プラスチック独自の組立て法を三つ説明する．

● 溶　接

同一材料どうしであれば，プラスチック部品の接合部を局部的に加熱溶融して接合することが可能である．理想的な溶接法は，接合部のみを集中的に加熱して完全に溶融させ，それ以外の部分は加熱しないことである．理想を目指してさまざまな方法が考えられている．表6.4に，プラスチックに使用されている溶接法の種類と，それぞれの特徴を示しておいた．材料の種類，加工部分の形状，必要な接合強さなどによって使い分けられるが，量的には手軽で汎用性の高い，超音波溶接が一番広く普及している．

表6.4　プラスチックの溶接法

溶接法		特　徴	応用例
熱風溶接		簡便だが材料が酸化劣化する 高い溶融粘度が必要	塩化ビニール構造体
熱板溶接		接合の信頼性が高い 大型品も接合できる 接合面の形状に制約がない	鉛電池，テールランプ 配管工事
高周波溶接		軟質塩化ビニールシート専用	玩具，袋，カバー
超音波溶接		生産性が高い 接合面の形状に制約がない 小型品に適している 硬質プラスチックに適する	ライター，日用品
摩擦溶接	回　転	生産性，信頼性が高い 接合面が円環に限定される	自動車部品
	その他	接合面の形状に制約がない	自動車部品
熱線溶接		接合面に電熱線を埋めておく	配管工事
高周波誘導加熱		接合面に誘電体を埋めておく	配管工事

● 接　着

通常の接着剤のほかに，溶剤接着法が利用できる．プラスチックのなかには

有機溶剤によって溶解するものがあるので，接合部分に溶剤を塗布すれば母材が溶解する．この状態で接合部どうしを押しつけ，溶剤の蒸発を待てば接合できる．

接着は溶剤を含んでいることが多いため，作業環境が問題になることがある．また，接着が完成するまでの時間が長いこともあり，量産品では溶接やつぎに説明する**ホットメルト剤**や**スナップフィット**など，より生産性の高い加工法に移行する傾向がある．

最近では，接着と溶接の中間のような**ホットメルト剤**とよばれる接着剤が登場し，さまざまな分野で活用されている．ホットメルト剤は一種の熱可塑性プラスチックであり，加熱すると溶融する．専用の道具で溶融したホットメルト剤を接着面に塗布し，部品どうしを固定して冷却すると，ホットメルトが固まって強固な接合ができる．従来の接着剤のように，溶剤を使ったり，化学反応をともなわないため，性能が安定しており作業性も優れている．

● スナップフィット

プラスチックは比較的柔軟なため，図 6.10 に示した**ムリバメ**を利用した組立てが広く利用されている．このような組立て法を，**スナップフィット**という．安価で，生産性が高いため，量産品を中心に広く普及している．スナップフィットにはさまざまな形式があり，永久組立て型のものと取り外し可能な形式のものとがある．後者の例としては，密閉式の食品保存容器のフタがある．なお，5.1 節で取りあげたプラスチックファスナーには，スナップフィットを利用したものが多い．

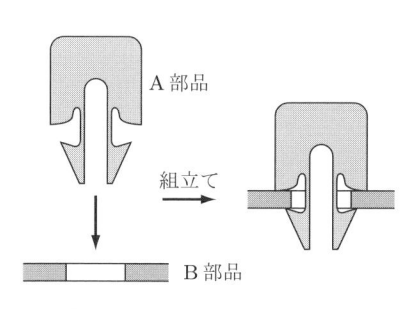

図 6.10　スナップフィットの例

6.2.4 表面装飾

プラスチック成形品は表面をさまざまな仕上がりにすることができ，通常は，表面装飾せずに使用される．特別に付加価値を上げたい場合や，ほかの材質と質感を合わせる必要がある場合に，表面装飾が利用される．

金属などに使用されている加工法のほとんどが，プラスチックに利用できる．すなわち，表6.3に示したように，印刷，転写，塗装，メッキ，真空蒸着などが実用化されている．表6.5に，プラスチックに使用されている装飾技術とその特徴をまとめておいた．加工法のそれぞれに固有の技術があるほか，プラスチックの種類によっては適用できなかったり，独自の加工法があったりして，技術は多岐にわたっている．

表6.5 プラスチックの表面装飾法

種類		概要	用途例
印刷	ホットスタンプ	着色したフォイルを熱圧着する	各種名入れ
	スクリーン印刷	簡便，平面の印刷に適している	銘板印刷
	タンポ印刷	曲面や柔軟物にも印刷できる	キーボードなど
	転写	あらかじめ紙やフィルムに印刷されたパターンを成形品表面に移す	日用品絵付け
	浸透印刷	染料を成形品に内部まで浸透させる．PBTに有効	耐摩耗性キーボード
塗装		前処理法，塗料の種類，焼付け条件が材料ごとに異なる	家電ハウジング 自動車部品
染色		ポリアミドでとくに有効	工業部品の識別着色
メタライズ	メッキ	前処理を行い，粗面化と導電化を行う ABS樹脂が多い	各種ハンドル類
	真空蒸着	メッキより膜厚が薄い	ネームプレート類

たとえば，塗装では，塗料に使われている溶剤がプラスチックを侵すことがある．また，焼付け温度が高いと成形品が融けてしまう．メッキの場合，プラスチックには電気伝導性がないため，伝導性を付与することから始める．このように，プラスチックの表面装飾は独自の工夫がなされたものが多い．とくに，仕上がりに感覚的な美しさが要求されることもあり，装飾加工が必要な場合は，まず経験のある専門業者と相談するのが賢明である．

6.2.5 改 質

成形品の性能の改良は，材料で行ったり，成形中に行うことがまず考えられるが，実用上不可能な場合がある．このようなときは，二次加工で補うと意外に簡単にできることがある．

たとえば，帯電防止剤を材料に添加することを考えてみよう．添加した薬剤が完全に成形品表面に出てくる保証はない．また，表面に出てきた薬剤は金属と親和性があるので，金型側に移行し，成形品にはあまり残らない可能性もある．さらに，帯電防止剤は成形温度に耐えるものを選ぶ必要がある．また，ポリマーやほかの添加剤と反応したり，それらを分解させるものであってはならない．このように，材料や成形工程で性能を付与する場合は，慎重に進めなければならない．しかし，成形品に帯電防止剤を噴霧するのならば，このような問題は考える必要がない．

二次加工による改質は性能付与の可能性を広げるし，手軽にできるのが特徴である．表6.6に，二次加工による改質の例を示しておく．成形品の性能が不足しているときは，二次加工による改質で解決できないか検討することを勧める．

表6.6 二次加工による改質の例

期待効果	加工法の例	用途例
ガス透過性改良	表面反応	ポリエチレン燃料タンク
電磁波シールド	メッキ	電気製品
表面硬化	表面反応	メガネ，レンズ
耐熱性向上	後架橋	耐熱電線
防汚染処理	界面活性剤塗布	各種日用品
摩擦係数低下	潤滑剤塗布	機械部品
親和性向上	コロナ放電	塗装，印刷の前処理

6.3 プロセス設計法

ある形状のものを製作するとき，どのような加工法を選択するかを検討することは非常に大切なことである．たとえば，複雑な形状を一挙に成形できると

いう意味では，射出成形はきわめて有効な成形法である．しかし，生産量が少ない場合は金型の負担が大きくなり，板材などから切削したほうが安価な場合もある．射出成形するにしても，金型から抜けないような形状の部分や，寸法精度が厳しくて不良が出やすい場合などは，切削加工と組み合わせたほうが確実な工程が設定できる．

　簡単な形状だと，熱成形やブロー成形のほうが安価にできる場合がある．大型品や形状が複雑なものは，単純な形状の複数の部品を成形し，後で組み立たほうが容易にできる場合もある．

　射出成形の良いところは，最終製品まで一工程でできる点である．したがって，二次加工が入ると工程が長くなり，コスト的に不利になると考えがちである．しかし，二次加工と組み合わせたほうがコストダウンになる場合もある．たとえば，図6.11（a）のような部品があり，二つの孔の直径と間隔の精度が非常に高い場合を考えてみる．射出成形で孔まで一挙に成形する場合は，成形条件の管理に細心の注意を払う必要がある．一方，図（b）のように，孔のない板を射出成形で成形しておき，これに穿孔すれば，精度は治具の工夫で簡単に維持できる．この場合は，射出成形での要求精度が低いため，射出成形工程では条件管理に気を使う必要がない．また，成形時間を短縮できる可能性もある．このような場合は，後で穿孔する工程の方がコストは低い可能性が高い．もちろん，コストはそんなに変わらなくても，条件出しや工程管理ははるかに容易である．

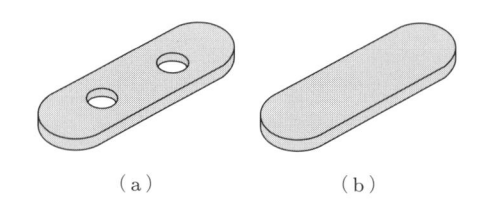

図6.11　成形品の例

　このように，工程を固定しないで，射出成形でいくか熱成形にするか，あるいは半製品を成形して二次加工で仕上げるかなどを柔軟に考えることが望まれる．最も合理的な工程は，部品ごとに違うはずである．最適の工程を柔軟に設定するには，さまざまな加工法の特徴やコスト構成をよく理解している必要がある．

COLUMN 13：プラスチックのメッキ

　金属メッキ仕上げをしたプラスチックがあるのをご存知だろうか．おそらく，プラスチックであることに気づかない人が大部分だと思う．冷蔵庫などの電気製品の取手にはプラスチックメッキのものが多くある．材質はABS樹脂が多い．

　プラスチックと金属は特性の差が大きいため，メッキをするにはプラスチックの表面に細かい凹凸をつけて密着性を上げる必要がある．また，プラスチックは電気を通さないため，表面に特別な加工を行い，導電化する．このような前処理を行った後，通常の電気メッキ工程に流し，金属光沢のある成形品が得られる．

　金属光沢のある表面を得るには，メッキのほかに真空蒸着という加工法がある．これは，成形品を真空中でアルミニウムの蒸気に暴露させ，表面にアルミニウムの薄い被膜を付着させる．真空蒸着はメッキより膜厚が薄く，耐久性が劣る．このため，自動車や電気製品のエンブレム（マーク）のように，人があまり触れず，装飾的な金属光沢がほしい場合に用いられる．また，フィルムに金属蒸着を行った，銀紙調のフィルムが包装資材として使われている．

7 プラスチックの課題

プラスチックは誕生してから，まだ歴史が浅い．このため，一般の人には不明な点も多く，周辺からさまざまな問題が提起されている．
このような課題に対して，技術者が無関心であってはならない．技術者にも市民としての良識が問われている．
本章では，この本の最後として，さまざまな問題のなかでもとくに強く指摘されている，資源，環境，技術の三つの課題を取りあげ，その概要と技術者のとるべきスタンスについて述べたい．

7.1 資源問題とプラスチック

7.1.1 問題点と現状

1章で述べたように，プラスチックが今日のように普及した理由の一つとして，石油化学の進展があげられる．ところが，石油資源は有限であり，いずれの日にか枯渇し，プラスチックも供給できなくなるといわれて久しい．この指摘に間違いはなく，すでに電力などでは，脱石油が推進されている．それにもかかわらず，プラスチックを含む石油化学は原料転換の話も聞かないし，節約の話も聞かない．とくに，昨今は供給能力過剰気味になっており，省エネの話とギャップがある．この問題をどう考えたらよいだろう．

7.1.2 問題の本質と考え方

● 石油資源の寿命

まず，石油資源の見通しであるが，一時，「あと何年でなくなる」と騒がれたのを記憶している人も多いと思う．この話を最近聞かないのは，実は，**可採年数**が延びているためである．第一次オイルショックのころは30年くらいといわれていたにもかかわらず，最近は50年近くになっている．つまり，掘れば掘るほど寿命が延びているというおかしなことになっており，可採年数の信用がすっかり落ちてしまった．

これは，可採年数の計算法が単純過ぎることに原因がある．可採年数は，その時点での確認埋蔵量をその年の生産量で割って出している．オイルショック

以来，石油資源の重要性が認識され，各国が必死に資源開発を進めた．その結果，生産量の伸びより資源発見の伸びが大きくなり，可採年数が延びたというわけである．それのみならず，新油田が一斉に稼働し始めたため，一時的な現象ではあるが，むしろ供給過剰気味にさえなっている．この傾向は，しばらくは続くとみられている．つまり，石油資源が有限なことは間違いないが，ごく近い将来に供給が止まるという危機は遠のいたと考えてよい．

● プラスチック用途の特徴

先ほど述べたような事情があるにせよ，石油資源が有限なことは間違いない．それにもかかわらず，プラスチックでは資源節約の話があまり出ないのはなぜだろう．この理由の第一には，プラスチックに使用される石油が，全石油消費量に対し約10%とそれほど大きくないことがあげられる．資源対策は，石油用途の大部分を占める**燃料**を中心に進められている．しかも，経済的，技術的に実現性の高いものから手がつけられており，消費の抑制は，発電などの固定設備用燃料を最優先に進められている．同じ燃料でも，自動車，航空機などは技術的な見通しが立っていないため，節減対策が遅れている．なお，石油化学産業でも石油の節約は進んでいる．プラスチックの場合は，プラスチックとして製品化される分は減らせないが，工場運転に使用しているエネルギーの節約は着実に進んでいる．

このように，石油資源が枯渇し，プラスチックが減産されるような事態は当分起こらない．ただし，この状況に安心していてはいけない．将来，石油が減産になったとき，燃料用途に比べてプラスチックが本当に「価値ある用途」であることを胸を張って説明でき，原料が高騰してもそれに耐えられるよう十分スリムな使い方をいまから構築しておくことが望まれる．

先ほど述べたように，技術的には，無駄のない体質を構築することが最も重要な課題である．長期的には代替原料も考えられている．石油に頼らず，植物を原料にするとか，利用率のまだ少ない天然ガスを合成原料にできないかといった検討が行われている．

7.2 環境問題とプラスチック

7.2.1 6大地球環境問題

6大地球環境問題というものがある．これは，放置しておくと地球の破滅につながる問題であることが国際的に合意されたものである．それぞれ，国際協力が進められている．具体的には，

① 地球温暖化
② オゾン層破壊
③ 酸性雨
④ 熱帯森林の減少
⑤ 砂漠の拡大
⑥ 固体廃棄物の急増

の6種である．

①の**地球温暖化**は，主原因が大気中のCO_2（炭酸ガス）増加であるといわれている．CO_2増加の主な原因は，石炭や石油など化石燃料消費の急伸である．

プラスチックは製造過程でエネルギーを消費しており，CO_2を排出している．また，廃棄プラスチックを焼却処理すると，ここでもCO_2が発生する．焼却する場合，何らかの形でエネルギー回収ができれば，燃料が節約でき，温暖化は軽減できる．もちろん，プラスチックの使用量を減らしたり，使用した後のプラスチックを再利用することも温暖化軽減につながる．

植物には，大気中のCO_2を削減する効果がある．このため，紙や木材をプラスチックに代替することがこの面からは好ましい．スーパーマーケットで使用している買物袋は薄肉化が進んだため，かつて使われていた紙袋よりトータルでははるかにCO_2発生量が少ないという試算が行われている．どのような場合にどのような材料を使うと環境負荷が少ないかといった検討例はまだ少ない．

③の**酸性雨**の問題は，最近わが国ではあまり話題にならなくなった．塩化ビニールを焼却すると，塩酸ガスが発生する．これが大気に放散されると酸性雨の原因になる．わが国のゴミ焼却炉のほとんどには酸性ガス排出防除設備が設置されており，廃棄塩化ビニールを焼却しても酸性雨の原因にはならない．

少なくともわが国では，酸性雨とプラスチックとの因果を断ち切ることがで

きた．ところが地球全体でみると，酸性雨はむしろ悪化している．この主原因は燃料中の硫黄であることが判明しており，対策が急がれている．

⑥の**固体廃棄物**の問題では，プラスチックは軽量でかさばるため，扱いにくい．この問題は焼却処理すれば解決できるが，設備投資の問題や，CO_2排出とどちらをとるかという問題があり，解決は簡単ではない．もちろん，使用の削減や再利用推進など，廃棄物自体の削減がより本質的な対策である．

一方，④の**熱帯雨林の減少**に対しては，木材の代替物質であるプラスチックはむしろ貢献している．

ほかの二つ，**オゾンホール**の問題と**砂漠の拡大**の問題は，プラスチックには直接は関連がない．

このようにみてくると，プラスチックの環境問題は，CO_2の発生源になっていることと固体廃棄物の問題に集約できそうである．どちらも発生形態が多様であるうえ，発生する場所によって事情が異なるため，総論的な議論は難しい．

COLUMN 14：サッチャーとプラスチック

一国の首長に化学系の人がなった例は少ない．「鉄の女」の愛称をもったイギリスの元首相，サッチャーはその珍しい例だ．彼女は，さまざまな改革を進め，イギリスを活性化したことで有名だ．また，化学系出身の特徴もいかんなく発揮した．たとえば，彼女はオゾンホール生成の仮説を早い時期に，正しく理解した．そして，盟友のレーガンにはたらきかけ，フロン廃止まで世論を引っ張った．この手腕は高く評価してよい．

彼女は塩化ビニール擁護論者としても有名であった．当時のイギリスは北海油田の開発にわき，石油を戦略物資として重視していた．塩化ビニールは重量の半分以上が塩素であり，石油資源が節約できるという点に彼女は着目した．このため，イギリスでは包装材料に塩化ビニールフィルムの使用が奨励された時代があった．塩化ビニールが何かにつけて悪者にされているいまからは考えられないことである．このように，物にはさまざまな面があることを忘れてはならない．

7.2.2 環境問題の多面的な性質
● 技術者が忘れていること

　環境問題を解決するためにも，技術の開発が必要であり，われわれ技術者が環境問題に関心をもち，積極的に関与することが必要である．しかし，この問題は多面的であり，技術的な発想のみでは判断を間違うし，摩擦を起こす．

　その第一の理由は，環境問題が社会性をもっている点である．焼却するにせよ，埋め立てるにせよ，それを推進するために多額の公共投資が必要である．この合意を得るのに，また長時間を要する．その間も，ゴミは止まることなく発生している．このため，理想の姿を示すだけでは不十分であり，当面どうするか，将来に向けどのようなステップで近づくかまで考慮した発想が必要である．処理場の立地に反対する住民の感情や，分別にかり出される市民の膨大なエネルギーも技術からはみえない．技術的アプローチが求められる反面，技術万能ではないという謙虚さも必要である．

　もう一つの特徴は，例外排除ができない点である．缶飲料の空缶は90％以上回収されているといわれており，大部分の市民は正しく処理をしている．それにもかかわらず，道路わきや行楽地での投げ捨ては続いており，社会問題になっている．このように，どのようなルールでも大部分の人は適応するが，守らない人が必ずいることを考えなければならない．さまざまな制度を考えるときは，この視点を忘れると実効が上がらない．

　技術レベルではプラスチックリサイクルの提案がいろいろなされているが，これはあくまで技術の世界での話であって，社会的に容認され，実現するにはまったく異なる視点での論議が必須である．

● 外部議論で忘れられていること

　一方，マスコミなどの環境問題論議にも問題がある．この原因は環境問題に携わる人々の認識不足にあるが，プラスチック関係者の情報発信が不足していることも反省するべきである．

　プラスチックのない生活はもはや成り立たないという現実が忘れられていることが多い．とくに，つぎの3点は環境問題に対するプラスチックの大切な貢献なので，これらの役割を果たしたうえで，環境問題にどう取り組むかといった，より視野の広い議論を望みたい．

　① 軽量化による省エネルギー

プラスチックは加工しやすく軽量であり，製造工程，消費段階を通して大幅なエネルギー節約に貢献している．たとえば，牛乳パックをガラスビンにもどすと再利用ができ，一見環境によいようにみえる．しかし，輸送エネルギーが膨らみ，地球温暖化にはマイナス効果が出てしまうという解析がある．牛乳パックが使い捨て容器であるという話をしているとき，この事実は忘れられてしまう．

② 包装革新による貢献

食品包装において，プラスチックは省エネ，流通ロスの削減にたいへん貢献している．プラスチック包装資材がなければ，食品の腐敗，変質が避けられず，廃棄損失が増大する．これをプラスチック包装以外で達成しようとすれば，低温貯蔵を大幅に拡大する必要があり，エネルギー消費が増大する．

実は，食品添加物がより安全な方向へシフトするのと，プラスチック包装資材の普及とは並行して進んだ．このため，パニックや価格の高騰は起こらなかった．健康上の安全確保にもプラスチックが果たしている役割は大きい．

③ 天然資源の保護

プラスチックは，天然材料の代替材料であるという一面をもっている．とくに，森林は炭酸ガスの吸収機能があるため重要である．包装資材の紙代替，塩化ビニール，ポリエチレンによる木材代替は，森林資源の保護に大きく貢献している．たとえば，再生紙が免罪符のように扱われているが，わが国でこれ以上再生率を上げれば抄紙ロスが増加し，ヘドロが増えるばかりである．印刷インキを抜いた，脱墨排水が河川汚染の原因になっていることも無視できない．森林資源と水質保護の違いはあるが，再利用に環境負荷があることを忘れてはならない．

7.2.3 3Rと3E

環境問題への取組みには二つのアプローチが存在する．それぞれが3Eと3Rという妙なスローガンを掲げている．3Eは行政側が掲げている．これは環境（Environment）問題，エネルギー（Energy）問題，経済（Economy）成長の同時達成を目指すという考え方である．理念はわかるが，本当に達成できるか心配である．また，この発想からは現状をどう変えるかという具体論はでにくい．

市民運動側は3Rを唱えている．環境問題を解決するには，物の使用量を減

らす（Reduce），再利用する（Reuse），再資源化（Recycle）を進めることが必要であるという考え方である．環境問題を行動次元でとらえているため，わかりやすく行動に結びつきやすい．しかし，方向付けがしっかりしないと，無駄な努力をすることになりかねない．

それぞれ問題はあるものの，双方の発想がないと改善は進まない．ある意見に接したとき，これが E，R いずれの発想かを見抜き，それぞれの特徴を承知したうえで，対処することが期待される．

7.2.4 技術者のスタンス

いずれにせよ，プラスチックに厳しい要求が突きつけられることは今後も続くと思われる．また，われわれ技術者も，地球市民として環境問題に協力する必要がある．技術者としての行動と環境問題を論じるときの姿勢に矛盾があってはならない．そのためには，「われわれは大切な資源を使い，そして少なからぬ環境負荷を与えながらモノづくりを行っている」ことをいつも認識していることだと思う．資源事情が厳しくなっても，環境問題が大きくなっても残る，価値ある商品をつくることが資源問題，環境問題に対する技術者の答えでありたい．

7.3 プラスチックの安全性

本来プラスチックは安定な物質であり，通常は人体に影響を及ぼすことはない．問題になるのはつぎのような場合である．

① モノマーが完全に反応せず製品中に残っている場合
② 有害な添加物が使われている場合
③ 使用中に分解して有害物質に変化した場合

このうち，①については厳しい規定があり，食器や玩具のように口に触れる可能性のあるものは，残留物の少ないものが使われている．②も同様であり，食器などには使用してよい添加物が規定されている．ただし，これは口にする可能性のある商品についてのみの規制であり，それ以外のものは規制されていない．したがって，ほかの用途を想定してつくられたものを流用すると，健康上好ましくないものが溶け出す可能性がある．用途に合った使い方をしていれば問題は起こらない．

③についても，通常の使用では問題ないが，長期間使用していたり，予想を超えた過酷な使い方をすると，ポリマーが分解し，体内に摂取される危険がないわけではない．このため，家庭用品品質表示法では，分解を避けるための注意事項も書かれている．

さまざまな化学物質が体内に取り込まれてホルモン類似の作用をし，障害を起こすとの警鐘が鳴らされてから久しい．これらは環境ホルモンとよばれ，プラスチックも例外でなく，関連性がいくつか指摘された．問題が指摘されたものを，表7.1に示す．プラスチックの場合，生活のなかに入り込んでいるので影響が大きく，関係者が協力して検証が進められた．その結果，表に示すように，ほぼ検証が終わり，嫌疑が残っているものについては，問題のある用途では使用制限，使用法の規制などが行われている．

表7.1 プラスチック関連環境ホルモン

疑われた物質	関連するプラスチック	概要
ダイオキシン	（塩素化合物） 　塩化ビニル （芳香族化合物） 　PET，PBT 　ポリカーボネート 　スチレン系プラスチック	塩素化合物と芳香族化合物を混合して低温度で燃焼させると発生するといわれている．環境ホルモン物質であると同時に，発がん性も指摘されている．ゴミ焼却炉の改善でほぼ解決した．
ビスフェノールA	ポリカーボネート	軽い環境ホルモン作用があるといわれている．関連を否定しきれないとして，わが国では，自主規制で食器などには使用していない．
フタル酸エステル	軟質塩化ビニール	特定のフタル酸エステルに軽いホルモン作用がある．該当するものは，玩具などへの使用が禁止された．
スチレンダイマー スチレントリマー	スチレン系プラスチック	プラスチックの中間体にホルモン作用があるとの指摘があった．その後の試験で問題ないことが判明．

プラスチック関連で疑念がもたれている物質は，いずれもホルモン作用があるとしても大きくないといわれている．しかも，実際に体内に取り込まれる可能性はきわめて小さい．

「疑い」の部分が明確にされることが待たれるが，それまでどうするかは難

しい．確実なデータがない以上，純技術的な判断はできない．

7.4 わが国のプラスチック産業の課題

7.4.1 産業構造の変化とわが国のプラスチック産業

まず一つめの課題は，国際化の進展による産業構造，需給体制の変化への対応である．

1章で述べたように，プラスチックは原料を石油に依存している．石油をほとんど産出しないわが国は，マンモスタンカーに象徴される大量輸送体制と臨海石油化学コンビナートという生産体制により，それなりに効率良くプラスチックを供給してきた．ところが，石油化学コンビナートは15箇所とたいへん多く，国際的にみると小規模群立状態である．

欧米諸国では，化学メーカーの国境を越えた再編が進んでいる．途上国や産油国では，桁違いのスケールでの生産が始まっている．日本でもアライアンスが進んではいるが追いつかず，高コスト構造，非効率経営，経営資源の薄撒き構造から抜け出せていない．

わが国は，電気や自動車をはじめとする巨大需要産業に恵まれてきたが，彼らはグローバル化を進め，日本の素材メーカーと排他的な協力関係を続けることはできない．彼らとしても，厳しい競争を戦っている．なかには競争に敗れ，他国に覇権を奪われる例も散見されるようになった．

このようななかで，わが国の材料メーカーはグローバル化が果たせず，一方では内需が縮小しているため，苦慮している．

7.4.2 消費者アプローチ

二つめの課題は，資源・環境問題への取組みに関連した問題である．資源・環境問題が論じられるとき，プラスチックに対する一般の認識はたいへん低い．この問題を突き詰めていくと，生活者にプラスチックの本当の価値がまだよく理解されていないことが根底にあることがわかる．われわれにとってプラスチックは必需品であるという認識が薄い．安物で，なんとなく危険で，環境破壊につながる材料だといった認識が平均的な生活者像ではなかろうか．

プラスチックは，人類の歴史からみると新しい材料なので，消費者の理解を得るにはわれわれ技術者からのアプローチと時間が必要である．したがって，

気長に取扱い方, 特性など生活の知恵的なことからじっくり話して, プラスチックへの理解度を上げ, 認識を変えていくことが必要である.

7.4.3 技術レベルの維持

　欧米諸国は日本の品質管理システムを研究し, 導入を進めている. また, 近隣諸国は豊富な労働力を武器に, 日本の生産技術を移転している. このため, 圧倒的に強かったわが国のモノづくり能力は相対的に低下してしまった. これは, プラスチックの世界でも例外ではない.

　一方, 技術者の仕事環境も変わった. 計測機器, 情報処理機器があふれ, さまざまな現象がデジタルデータで表現されるようになってきた. 道具の利便性がアプローチの画一化を招いてはいないだろうか. 目先の慌ただしさに流され, 立ち止まって考える余裕がない. 海外移転で生産現場との情報パイプが細くなってしまった. 一方で, シミュレーションソフトの進歩により, バーチャル世界が巧妙にせまってきた.

　そのようななかで, 主体性を失い, 個性を失いつつあるようにみえる. 絶えず正しい答えが求められている. その結果, 新しい世界を切り拓く能力も気力も低下してしまった. これがわが国の技術者の実態だ. このことがわが国の技術力低下の根源にあるように思える.

　このようにみていくと, わが国が誇った商品開発能力, 生産技術は内部からも崩壊が始まっている. もちろん, 新しい時代が求める技術者は旧タイプの技術者の再来ではない. 基礎をしっかりおさえたうえで, 新しいツールを装備し, いざとなれば単独で未知の世界に立ち向かえるタイプの技術者の登場が渇望される. 難しい問題だが, 技術者自らも真剣に考えなければならない.

COLUMN 15：追い矢マーク

　図7.1のようなマークをご存知だと思う. 三つの矢印が追いかけているパターンになっているので,「追い矢マーク」と俗称されている. このマークの発祥はアメリカであり, ファーストフード店の使い捨て容器などに対する批判をかわすために制定された. リサイクルしやすいように, 容器に材質識別マークをプラスチック工業会が自主的に付けたものである. わが国では, 政令でPETボトルにのみこのマークを付けることになっているが, ほかの包装材料にこのマークを採用している例もある.

中の番号は材質を示し，1：PET，2：高密度ポリエチレン，3：塩化ビニール，4：低密度ポリエチレン，5：ポリプロピレン，6：ポリスチレン，7：そのほかである．ポリオレフィンの分類が細かく，スチレン系の分類が大ざっぱなのは，包装材料に使われるプラスチックの種類を反映している．自動車部品や電気製品でも部品の材質表示が進められているが，この方式ではなく，より詳細な表示が可能なアルファベットの略号が使われている．

なお，3本の矢は生産，消費，回収を表し，これがうまくまわるという願いが込められている．

図7.1　追い矢マーク

さらにプラスチックを学ぶ人のための参考書

雑誌

プラスチックス（日本工業出版）
プラスチックスエージ（プラスチックスエージ）
成形加工（日本成形加工学会）

年鑑

プラスチックスエージ エンサイクロペディア ［進歩編］（プラスチックスエージ）

辞典

実用プラスチック用語辞典 CD 版（プラスチックスエージ）

材料

図解 雑学 プラスチック（佐藤 功，ナツメ社）
プラスチック読本（大阪市立工業試験所 編，プラスチックスエージ）
分子から材料まで どんどんつながる高分子（渡辺順次 編，丸善）
現場で役立つ プラスチック・繊維材料のきほん（中村允 他，コロナ社）

加工関係

図解 プラスチック成形加工（松岡信一，コロナ社）
知りたい射出成形（日精樹脂インジェクション研究会，ジャパンマシニスト社）
一歩進んだ射出成形技術（佐藤 功，プラスチックスエージ）

さくいん

● 欧文

ABS 樹脂　22, 53
AS 樹脂　25, 52, 53
EVA 樹脂　48
general purpose poly styrene　50
GPPS　50
high impact poly stylene　53
HIPS　22, 52, 53
LLDPE　45
MMA　82
m-PPE　22, 54
natural resin　2
OPP　42
PA　82
PC　82
PE　82
PEEK　62
PET ボトル　35
plastic　1
polymer　4
POM　82
PP　82
PPE　54
PVC　82
resin　1
synthetic resin　2
thermo plastic resin　1
thermo set resin　2
waxy　41

● あ

アイソタクティック　24
アイゾット試験法　73
アクリル樹脂　55, 71

アクリル樹脂の用途　58
アクリロニトリル　25, 53
アタクティック　24
圧空成形　107
圧縮試験　72
アロイ　21
アンダーカット　79
異形押出　56
一次加工　97
1軸延伸　35
糸状高分子　5, 17
インフレーション成形　100
インフレーション法　46
ウエルド　79, 105
海島　30
液晶ポリマー　22
エチレンビニールアルコール　48
塩化ビニール　32, 55
塩化ビニールの用途　57
エンジニアリングプラスチック　14
延伸　34
塩ビゾル　57
塩ビレザー　56
エンプラ　14
応力　69, 93
押出機　98
押出成形　98
オゾン層破壊　116
オリゴマー　6
オレフィン系プラスチック　40
温度特性　70

● か

改質　111

回転　108
価格　15
架橋　63
加工法　97
可採年数　114
可塑剤　32
片当り　93
家庭用品品質表示法　88
加熱硬化型　2
過冷却状態　19
環境ホルモン　121
環境問題　118
キャスト　59
キャビティ　102, 103
キャビティプレート　103
球晶　19, 34
急速加熱冷却金型　105
共重合　25, 45
強度　69
均肉化　79
組立て　107
クラック　93
グラフトコポリマー　27
クリープ　70
クリープ特性　61
形状設計　76
結晶　18
結晶化　17, 20, 22
結晶核剤　21
結晶化度　18
結晶性　17, 21
結晶性プラスチック　22
ゲート　103
ゲル化　57
コア　103
コアプレート　104
高圧法ポリエチレン　44
高周波誘導加熱　108
高周波溶接　108

合成高分子　4
合成樹脂　2
高性能耐熱材料　62
高分子　3
高密度ポリエチレン　40, 41
5大エンプラ　60
固体廃棄物の急増　116
5大汎用プラスチック　38
コーナー　77, 79
コポリマー　25
混合　29

● さ
材料データ　94
酢酸ビニール　48
砂漠の拡大　116
3E　119
3R　119
産業構造　122
酸性雨　116
シート　59
脂肪族　4
絞り加工　107
射出成形法　101
主鎖　15
樹脂　1
シュタウディンガー　7
準スーパーエンプラ　14
準汎用プラスチック　14
省エネ　114
衝撃　94
衝撃試験　73
使用限界温度　14
シリンダ　98
真空蒸着　110
真空成形　107
シンジオタクティック　24
浸透印刷　110
親和性　30

スクリュ 98
スクリーン印刷 110
スチレン系プラスチックの用途 52
スナップフィット 109
スーパーエンプラ 14, 62
スプルー 103
成形加工 97
生分解性プラスチック 86
セカント弾性率 75
石油資源 114
切削加工 106, 107
接着 108
繊維晶 34, 42
全芳香族エステル 62
側鎖 16
塑性 1
塑性変形加工 106
ソフトセグメント 65
ゾル-ゲル転移 32

● た
耐候性 71, 93
ダイス 98
耐熱性 14, 61, 93
耐薬品性 71, 93
弾性係数 69
弾性率 69
炭素鎖 18
タンポ印刷 110
地球温暖化 116
超音波溶接 108
超高分子ポリエチレン 48
突出しピン 104
低密度ポリエチレン 40, 41
テーバー摩耗試験 74
添加剤 33
転写 110
天然樹脂 2
透明 21

透明オレフィン 48
透明耐熱材料 62

● な
軟質塩化ビニール 56
軟質塩ビ 56
二次加工 106
2軸延伸 35
2軸延伸ブロー 105
2軸延伸ポリプロピレンフィルム 42
抜き勾配 78
熱可塑性エラストマー 64
熱可塑性樹脂 1
熱可塑性プラスチック 5, 14
熱硬化性樹脂 2
熱硬化性プラスチック 6
熱成形 107
熱線溶接 108
熱帯森林の減少 116
熱板溶接 108
熱風溶接 108
熱変形温度 73

● は
ハイインパクトポリスチレン 22
バイオマスプラスチック 86
配向 34, 36
破断点 69
パーティング面 104
パーティングライン 79
ハードセグメント 65
パリソン 47, 104
反発弾性 63
汎用プラスチック 14
非結晶性 21
非結晶部分 19
歪み 69
ビニール 56
表面装飾 110

疲労　70
フィラー　31
フィルム　46
フェノール　2
賦形　106
不斉炭素原子　23
フックの法則　69
プラスチックの分類表　14
プラスチック廃棄物　66
プリフォーム　105
プレポリマー　6
ブロー成形品　47
ブロー成形法　104
ブロック共重合　65
ブロックコポリマー　26
分岐　26
分岐制御　44
分子　3
分子量　28
分子量分布　29
変形　94
変性PPE　54
変性ポリフェニレンエーテル　22
ベンゼン環　16
芳香環　16
ホットスタンプ　110
ホットメルト剤　109
ホモポリマー　25
ポリアクリロニトリル　25
ポリアセタール　61, 62
ポリアミド　62, 71
ポリアリレート　62
ポリエステル　62
ポリエチレン　18, 26, 44
ポリエチレンの重合反応　44
ポリオレフィン　40
ポリオレフィンの改質法　42
ポリオレフィンの特徴　41
ポリオレフィンの用途　40

ポリカーボネート　62
ポリサルフォン　62
ポリスチレン　50
ポリスチレンの特徴　51
ポリフェニレンエーテル　54
ポリプロピレン　23, 27, 40, 41, 42
ポリマー　4
ポリマーアロイ　21, 30
ポリメチレンエーテル　62

● ま
曲げ試験　72
摩擦溶接　108
摩耗性能　74
メタライズ　110
メチル基　24
メッキ　110
メラミン　2
モノマー　6, 17

● や
有機ガラス　58
溶接　108

● ら
ラジカル　44
ランダム共重合　65
ランダムコポリマー　25
ランナー　103
力学計算　75
立体規則性制御　23, 43
リニアローデン　45
リブ　79
リブ構造　77
冷却水孔　104
6大地球環境問題　116
ロケートリング　103
ロックウェル硬さ　74

　　　　著　者　略　歴
佐藤　功（さとう・いさお）
　1964 年　信州大学繊維学部繊維工業化学科卒業
　1964 年　旭化成(株)ベンベルグ工場にて，製造・品質管理・生産技術開
　　　　　　発などを担当
　1969 年　同社樹脂技術センターにて，用途開発・加工技術開発・技術開
　　　　　　発・研究企画を担当
　1996 年　(株)消費経済研究所にて，家庭用品開発・品質管理を担当
　1998 年　佐藤功技術事務所，各種技術指導・技術開発に参画（現在）
　2000 年　放送大学非常勤講師（〜 2011 年）

　　　　技術士（化学部門）
　　　　Mail：satow@bb.wakwak.com
　　　　URL：http://park11.wakwak.com/~itt/

編集担当　藤原祐介（森北出版）
編集責任　富井　晃（森北出版）
組　　版　dignet
印　　刷　ワコープラネット
製　　本　協栄製本

はじめてのプラスチック［新装版］　　　　　Ⓒ 佐藤　功　2011
2011 年 11 月 9 日　新装版第 1 刷発行　　【本書の無断転載を禁ず】

著　　者　佐藤　功
発 行 者　森北博巳
発 行 所　森北出版株式会社
　　　　　東京都千代田区富士見 1-4-11（〒102-0071）
　　　　　電話 03-3265-8341／FAX 03-3264-8709
　　　　　http://www.morikita.co.jp/
　　　　　日本書籍出版協会・自然科学書協会・工学書協会　会員
　　　　　JCOPY ＜(社)出版者著作権管理機構　委託出版物＞

落丁・乱丁本はお取替えいたします．
Printed in Japan／ISBN978-4-627-94771-9

図書案内　森北出版

テキストシリーズ　プラスチック成形加工学
流す・形にする・固める

（社）プラスチック成形加工学会／編

A5判　・　204頁　定価 2835円　（税込）
ISBN978-4-627-66911-6

プラスチック成形加工の基本概念の理解を目的として，基本的な考え方をマスターできるようにわかりやすく具体的な解説した．
※本書は，シグマ出版から1996年に発行したものを，森北出版から継続して発行したものです．

テキストシリーズ　プラスチック成形加工学
成形加工における移動現象

（社）プラスチック成形加工学会／編

A5判　・　256頁　定価 3570円　（税込）
ISBN978-4-627-66921-5

プラスチック材料に生じる流動や熱・物質移動などを，それを引き起こす"駆動力"との関連を重視して第一線の研究者が解説した．
※本書は，シグマ出版から1997年に発行したものを，森北出版から継続して発行したものです．

テキストシリーズ　プラスチック成形加工学
成形加工におけるプラスチック材料

（社）プラスチック成形加工学会／編

A5判　・　352頁　定価 4410円　（税込）
ISBN978-4-627-66931-4

成形加工を切り口に，プラスチック材料の構造と物性に関する重要なポイントを第一線の研究者が解説した．
※本書は，シグマ出版から1998年に発行したものを，森北出版から継続して発行したものです．

定価は2011年10月現在のものです．現在の定価等は弊社HPをご覧下さい．

http://www.morikita.co.jp

図書案内　森北出版

カーボン 古くて新しい材料

稲垣道夫／著

A5判・228頁　　定価 2730円（税込）　　ISBN978-4-627-66801-0

日常生活の中で広く使われているカーボン材料について，身のまわりのものから，今後応用が期待される分野のものまでわかりやすく解説した．　※本書は，工業調査会から2009年に発行したものを，森北出版から継続して発行したものです．

はじめてのプラスチック成形

保坂範夫／著

A5判・186頁　　定価 2310円（税込）　　ISBN978-4-627-66811-9

プラスチックの加工法を理解するために，まずプラスチックの種類と特性を紹介し，後半で成形加工法についてやさしく解説した．　※本書は，工業調査会から2003年に発行したものを，森北出版から継続して発行したものです．

図解 プラスチック成形材料

鞠谷雄士・竹村憲二／監修・（社）プラスチック成形加工学会／編

B5判・288頁　　定価 3990円（税込）　　ISBN978-4-627-66871-3

材料メーカーの専門家が，成形加工を切り口に"構造と物性"，"構造と成形加工性"の関係にポイントをおいて解説した．　※本書は，工業調査会から2006年に発行したものを，森北出版から継続して発行したものです．

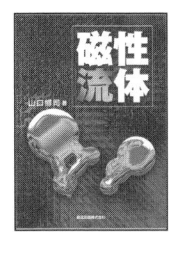

磁 性 流 体

山口博司／著

A5判・160頁　　定価 2730円（税込）　　ISBN978-4-627-67401-1

磁場に反応する不思議な流体である磁性流体について，その基本的なしくみとユニークな特徴の数々や独特の性質を利用した工学応用の原理などを，わかりやすく説明した．スマート材料の開発・応用にも参考となる一冊．

定価は2011年10月現在のものです．現在の定価等は弊社HPをご覧下さい．

http://www.morikita.co.jp